工学结合·基于工作过程导向的项目化创新系列教材
国家示范性高等职业教育机电类“十三五”规划教材

3D打印技术基础教程

3D Dayin Jishu Jichu Jiaocheng

▲主　编　张建勋

▲副主编　王维娟　徐恩来

▲编　委　侯丽美　李爱萍　李雪梅　刘国栋

刘　健　刘可可　孙赟杰　王　鹏

王　磊　许鹏飞　张　静　张　扬

中国·武汉

内容简介

本书共10章，介绍了3D打印技术基础知识，3D打印机分类及工作原理，三维软件及模型，模型的检查与修复，切片和打印，3D打印材料分析，后期处理，以及打印过程中常见问题分析等。

本书内容通俗易懂，以图文并茂的形式介绍3D打印机的操作、切片和打印参数设置等，实用性强，适合初学者使用。

图书在版编目(CIP)数据

3D打印技术基础教程/张建勋主编.—武汉：华中科技大学出版社，2017.7（2021.8重印）
ISBN 978-7-5680-3109-7

Ⅰ.①3… Ⅱ.①张… Ⅲ.①立体印刷-印刷术-教材 Ⅳ.①TS853

中国版本图书馆CIP数据核字(2017)第169421号

3D打印技术基础教程
3D Dayin Jishu Jichu Jiaocheng

张建勋 主编

策划编辑：倪 非
责任编辑：张 琼
责任监印：朱 玢
出版发行：华中科技大学出版社（中国·武汉） 电话：(027)81321913
武汉市东湖新技术开发区华工科技园 邮编：430223
录 排：武汉匠心天下文化发展有限公司
印 刷：武汉市洪林印务有限公司
开 本：787mm×1092mm 1/16
印 张：7.25
字 数：176千字
版 次：2021年8月第1版第4次印刷
定 价：20.00元

前言 QIANYAN

初学者往往不知如何入手学习3D打印技术，我们编写团队根据多年学习3D打印技术的心得和从事3D打印技术教学的经验，给初学者几点建议：

(1) 3D打印技术其实很简单，学习3D打印技术并不是繁难的事。

(2) 3D打印技术要学习的内容很多，不要急于求成，一般经过两三年的知识积累和技能训练可以达到灵活应用的水平。

(3) 有针对性地研究某一个方向，研究方向太多容易使人迷惘。

(4) “尽信书，则不如无书。”实践是检验真理的唯一标准。

(5) 学习要深入，简单的招式练到极致就是绝招。

(6) 敞开心扉，与人交流，利人利己。

(7) 专家不如技术员技术精湛，“聪明”不如“扎实”好使，加强技能训练，打下扎实的基础。

(8) 不要过多关注那些令人眼花缭乱的新动向，从基础的东西学起。

(9) 勤学多练，是唯一途径，没有捷径。

(10) 守得云开见月明，坚持到底，你就是胜利者。

本书提供了大量案例，配以补充材料，以打印流程为主线，循序渐进地介绍3D打印技术基础知识。学完本书后，您一般能了解3D打印技术基础知识，能独立操作桌面级3D打印机和进行后期处理操作，并能分析、解决打印过程中的常见问题。

在本书理论部分的编写过程中参考了许多网络资料，在此要感谢为本书编写提供了很多值得借鉴的内容（本书引用了其中一些内容，标注可能不够全面，请见谅）的百度、小不点极客、三迪时空和疯狂3D培训的朋友们。本书以Cura软件为例讲解切片，以本地企业青岛三易三维公司的三角洲结构打印机作为操作用机，如果您使用的是其他软件或机器，本书内容仅作参考。

后续将推出三维建模、数据扫描与后期处理、3D打印材料分析、打印机组装与维修等课程教材，敬请继续关注。由于时间仓促，书中难免有不足之处，希望大家不吝赐教，十分感谢。

愚　夫

2017年3月17日

目录 MULU

第1章
3D打印技术基础知识

1

☆ **知识目标**：学习 3D 打印技术基础知识。

☆ **能力目标**：理解 3D 打印技术的定义，熟悉 3D 打印技术的特点，了解 3D 打印技术的应用领域和 3D 打印流程。

☆ **重难点**：3D 打印技术定义、特点、应用领域，3D 打印流程。

一、3D 打印技术的定义

3D 打印技术，也称为增材制造技术，是快速成型技术的一种。它的基本原理是，使用丝状、粉末状或者液态材料，通过层层累积的方式，把三维数字模型制成实体的立体模型。

与之相对应的两种技术是切削和铸塑。相对切削和铸塑这两种技术来说，3D 打印技术有自己的优势，那就是不像切削那样浪费材料，也不像铸塑那样需要先制作模具。3D 打印技术通过分层制造、逐层叠加的方式生产产品。简单地说，用户只需要通过 CAD（计算机辅助设计）设计出 3D 模型，并选择合适的材料，就能打印出相应形状的物体。

一次成型、个性化定制是 3D 打印技术的重要特点，这在小批量、多品种、个性化的生产中具有非常大的优势，而且在复杂物体的制作方面，3D 打印技术的优势更明显。

二、发展史

1986 年，美国科学家 Charles Hull（查尔斯 · 哈尔）开发了第一台商业 3D 印刷机。

1993 年，麻省理工学院获 3D 印刷技术专利。

1995 年，美国 ZCorp 公司从麻省理工学院获得唯一授权并开始开发 3D 打印机。

2005 年，ZCorp 公司研制出高清晰彩色 3D 打印机 Spectrum Z510。

2010 年 11 月，美国 Jim Kor 团队打造出世界上第一辆由 3D 打印机打印而成的汽车 Urbee。

2011 年 6 月 6 日，全球第一款 3D 打印的比基尼问世。

2011 年 7 月，英国研究人员开发出世界上第一台 3D 巧克力打印机。

2011 年 8 月，南安普敦大学的工程师开发出世界上第一架 3D 打印的飞机。

2012 年 11 月，苏格兰科学家利用人体细胞首次以 3D 打印的方式打印出人造肝脏组织。

2013 年 10 月，全球首次成功拍卖一款名为“ONO 之神”的 3D 打印艺术品。

2013 年 11 月，美国德克萨斯州奥斯汀的 3D 打印公司“固体概念”设计并制造出 3D 打印金属手枪。

三、国内现状

（1）由于技术改革的需要和政策推动，3D 打印技术发展迅速。越来越多的企业、科研机构和 3D 打印发烧友投身 3D 打印领域，各地中小学也积极开展 3D 打印教育。而且 3D 打印技术的应用领域越来越广。

（2）3D 打印市场规模越来越大。

（3）桌面机多用于国内教育市场，工业机多用在生产和科研领域。

（4）3D 打印技术在个别领域领先世界水平，整体上与欧美等国家和地区的技术发展水平还有差距。

(5) 3D打印专业人才匮乏,不能满足发展的需要。其原因之一是教育系统反应缓慢,缺乏足够的资金和技术支持,无法培养企业需要的高、中端技术人才。

(6) 3D打印市场缺乏有效的行业制度和管理措施。

四、前景

3D打印产业下游需求行业较多,包括汽车行业、机器设备、医疗器械、建筑工程等,这些行业的需求有助于3D打印产业的发展。同时,3D打印机价格下跌及3D打印技术不断革新,将加快3D打印技术在相关行业的应用。

政策层面的大力支持(如出台《中国制造2025》等相关政策)给3D打印产业的发展带来了强大的动力,3D打印技术在工业及个人消费领域得以大规模推广,国内的3D打印市场规模不断扩大。

前瞻产业研究院《2016—2021年中国3D打印产业市场需求与投资潜力分析报告》数据显示2012年我国3D打印市场规模约为10亿元,2013年达到20亿元,前瞻产业研究院预测2020年我国3D打印市场规模将在100亿元以上。

目前我国3D打印产业的发展水平与美国、德国等发达国家的发展水平相比,还有较大的差距,但我国拥有丰富的制造业经验,使3D打印产业的发展有着一定的优势。

五、3D打印技术的应用领域

1. 工业制造领域

3D打印技术用于产品概念设计、原型制作、产品评审、功能验证等。3D打印的小型汽车(见图1-1)、小型无人飞机(见图1-2)等概念产品已问世,3D打印的模型等也被用于企业的宣传、营销活动中。图1-3所示为工业件,图1-4所示为注塑模具。这是3D打印技术发展的一个主要方向。

图1-1 小型汽车

图1-2 小型无人飞机

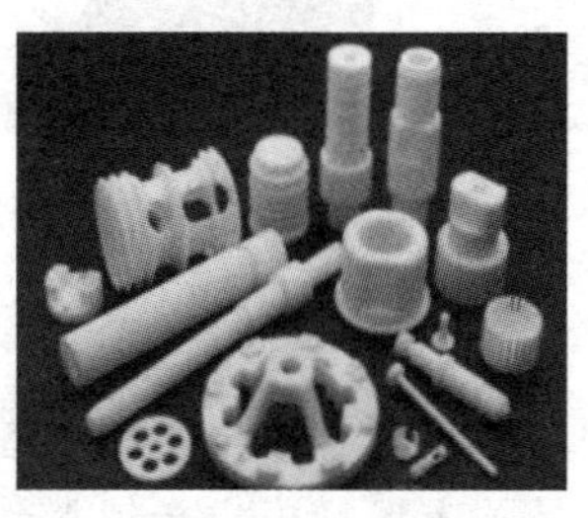

图1-3 工业件

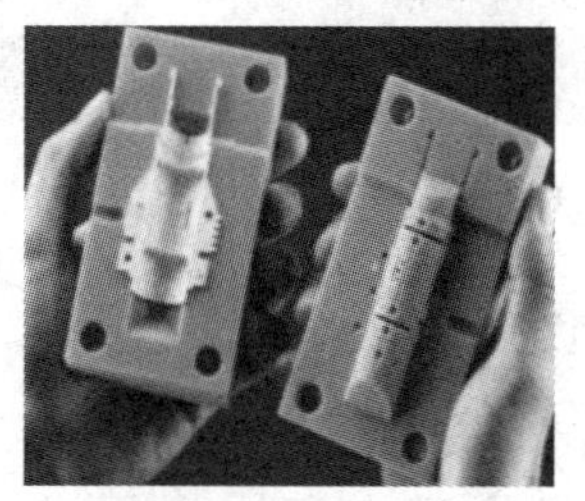

图1-4 注塑模具

2. 文化创意和数码娱乐领域

3D 打印技术可用于制作结构复杂、材料特殊的艺术表达载体。科幻类电影《阿凡达》运用 3D 打印技术制作出了部分角色(见图 1-5)和道具，3D 打印的小提琴(见图 1-6)接近了手工艺的水平，曾摆放在天安门前的巨型花篮(见图 1-7)也是 3D 打印技术成果。

图 1-5　电影角色

图 1-6　小提琴

图 1-7　巨型花篮

3. 航空航天、国防军工领域

3D 打印技术可用于航空航天和国防军工领域的形状复杂、尺寸微小、性能特殊的零部件(见图 1-8 至图 1-10)的直接制造。我国 3D 打印技术在该领域的研究与应用处于世界领先水平。

图 1-8　大型飞机部件

图 1-9　飞机部件

图 1-10　机械配件

4. 生物医疗领域

3D 打印技术可用于制作人造耳朵(见图 1-11)、下颌骨(见图 1-12)、助听器、假肢(见图 1-13)等。3D 打印器官尚处于试验阶段，采用 3D 打印技术制作假肢、手术导板等技术已经得到广泛应用。

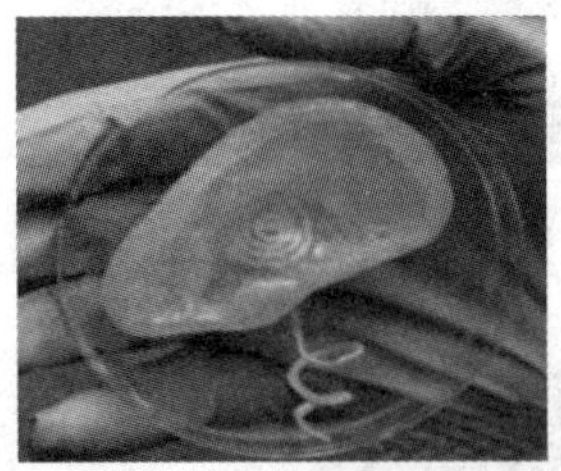

图 1-11　人造耳朵

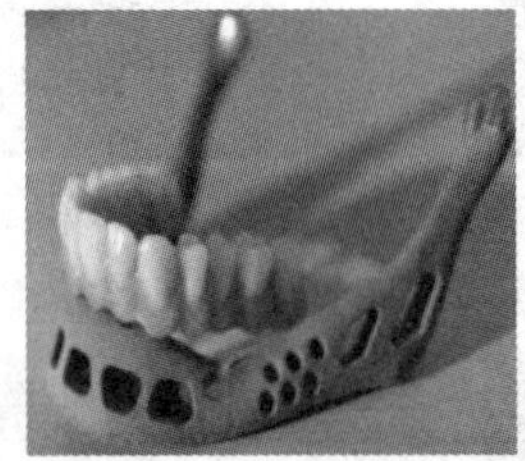

图 1-12　下颌骨

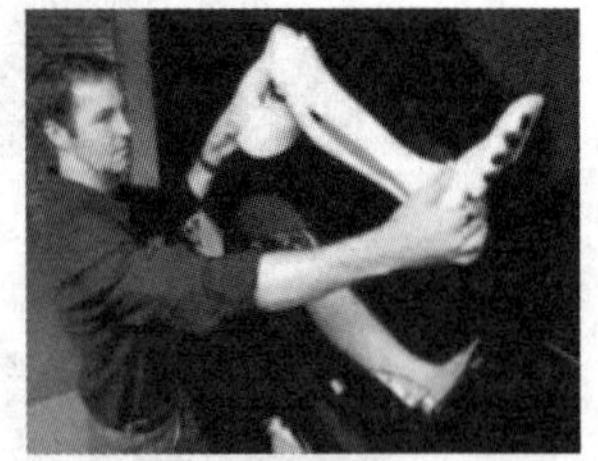

图 1-13　假肢

5. 消费品领域

3D 打印技术可用于珠宝、服饰、鞋类、玩具、创意 DIY 作品等的设计和制造。随着人们个性化需求的增加及 3D 打印技术的发展，个性化消费品的市场规模也会越来越大。图 1-14 至图 1-18 所示均为 3D 打印的物品。

图 1-14 服装

图 1-15 个性灯罩

图 1-16 首饰

图 1-17 帽

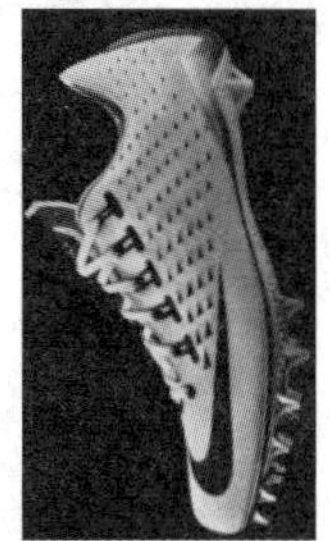

图 1-18 鞋

6. 建筑工程领域

3D 打印技术可用于建筑模型风动实验和效果展示，以及建筑工程和施工（AEC）模拟等。除了做模型，利用 3D 打印技术可以直接打印房屋，市面上已经有不少 3D 打印房屋。图 1-19 所示为房屋模型，图 1-20 所示为城市规划模型，图 1-21 所示为 3D 打印房屋。

图 1-19 房屋模型

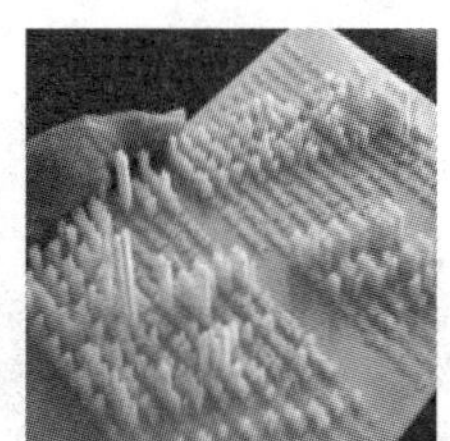

图 1-20 城市规划模型

图 1-21 3D 打印房屋

7. 教育领域

在教育领域可采用 3D 打印技术制作模型以验证科学假设，用于不同学科实验教学等。利用 3D 打印机可以做出各种样式的教具。图 1-22 所示为数学教具，图 1-23 所示为分子结构，图 1-24 所示为细胞结构。

图 1-22 数学教具

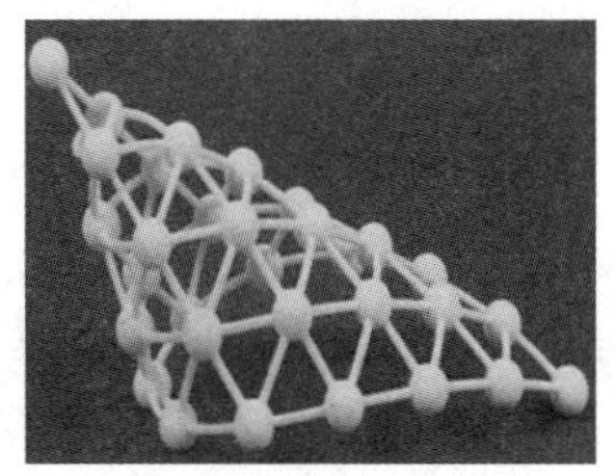

图 1-23 分子结构

图 1-24 细胞结构

8. 个性化定制领域

3D 打印技术可用于基于网络的数据下载、电子商务的个性化打印定制服务。图 1-25 所示为创意作品，图 1-26 所示为个性化 U 盘，图 1-27 所示为人偶，图 1-28 所示为浮雕灯，图 1-29 所示为笔筒。

图 1-25　创意作品

图 1-26　个性化 U 盘

图 1-27　人偶

图 1-28　浮雕灯

图 1-29　笔筒

9. 食品产业领域

打印诸如面点（见图 1-30）、巧克力（见图 1-31）、砂糖等食物。

图 1-30　面点

图 1-31　巧克力

六、3D 打印技术的特点

1. 优势

优势 1：制造复杂物品不增加成本。

再复杂的物品对于 3D 打印机来说也仅仅需要以层层累积的方式将其制造出来，且不增加成本。而采用传统手段制造复杂物品的难度很高，甚至无法将其制造出来。

优势 2：产品多样化不增加成本。

多样化通过数字模型的变化实现，只需要花点时间处理数字模型，不需要反复制作模具，因而不会增加成本。

优势3：加工时间相对缩短。

因为节省了制作模具的时间，大大缩短了加工时间。

优势4：设计空间无限。

所想即所得，可以尽情发挥自己的想象力设计物品，只要模型设计无误，就可以利用3D打印技术将其打印出来。

优势5：零技能制造。

单纯的打印操作很简单，不需要高深的技能，基本每个人接受厂家的培训指导后都可以操作3D打印机，完成打印任务。当然，高水平的制造需要操作人员具备专业知识和建模能力。

优势6：占用空间有限，方便制造。

桌面打印机尺寸都不大，多数工业级打印机的尺寸也比传统设备的尺寸要小，所以占用空间有限。

优势7：材料无限组合。

目前市面上可供选用的3D打印材料有几百种，而且随着研究的推进，越来越多的材料可用在3D打印领域。随着打印材料的增加，3D打印应用领域会越来越广，3D打印市场规模也会越来越大。

优势8：精确的实体复制。

3D打印能实现精确的复制。

2. 劣势

劣势1：技术正在成长，不成熟。

3D打印技术不成熟，也需要逐步形成完善的行业准则和规范。

劣势2：设备造价昂贵，材料成本高。

受技术、配件、研发等因素的影响，这类高端设备价格很高，而且所用材料都需要特殊处理，其价格比普通材料的价格高许多倍。

劣势3：可用的材料种类有限。

不是所有的材料都能用于3D打印，目前3D打印的几百种材料相对于所有材料种类来说所占份额很小。这也成了3D打印发展的瓶颈。

劣势4：打印精度不够高，强度、硬度、应力等方面暂时很难满足实际应用要求。

3D打印主要为工业、医疗、生物等领域提供服务，以上缺点是制约其发展的重要原因。

七、3D打印机分类

(1) 3D打印机根据价格、打印成本、打印精度、材料、工艺等，主要分为桌面级3D打印机和工业级3D打印机。

① 桌面级3D打印机　体积一般较小，在20 cm×20 cm×20 cm左右，目前大部分使用FDM(熔融沉积成型)技术。

具有代表性的桌面级3D打印机有Ultimaker和MakerBot。MakerBot桌面级3D打印机采用FDM技术，可用的打印材料有ABS塑料、PLA塑料等。图1-32所示为MakerBot Replicator 2。

Ultimaker(见图 1-33)是由荷兰的 3 位年轻的创客共同开发的。

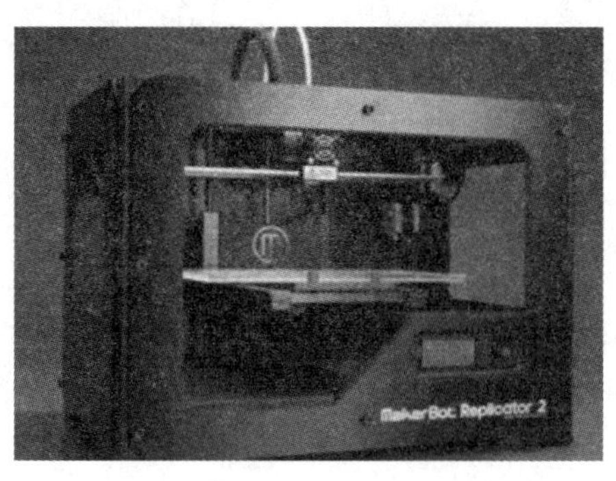

图 1-32　MakerBot Replicator 2

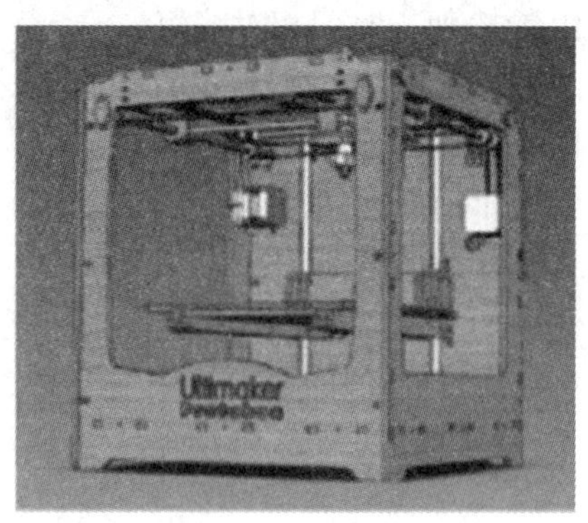

图 1-33　Ultimaker

相比于 MakerBot,Ultimaker 具有更快的打印速度、更好的稳定性和更高的性价比,可打印更大尺寸的物品,同时还是一款开源的 3D 打印机。Ultimaker 以 PLA 塑料为耗材,打印精度较高。

3D 打印技术行业比较有名的公司有浙江闪铸三维科技有限公司、北京太尔时代科技有限公司等。

② 工业级 3D 打印机　又称企业级打印机(如 Object 1000、Zprinter 系列设备),通常可用于加工较大尺寸的物品,价格昂贵,一般使用 SLS、3DP、SLA 等技术,主要应用于汽车、航空航天、消费品、家电等工业领域。现在有些厂家把大尺寸的 FDM 技术机器也称作工业机。

说明:

在 3D 打印领域,3D Systems 和 Stratasys 的地位举足轻重。

3D Systems 公司较早使用 SLA 技术。3D Systems 公司的产品线涵盖个人级 3D 打印机(如 Cube、CubeX、3D TOUCH 系列等)、专业级 3D 打印机(如 Projet 3500、Projet 7000、Zprinter 650 等)和生产级 3D 打印机(如 SLS 工艺的 sPro 230,SLM 工艺的 sPro 250,SLA 打印机 iPro 9000 等)。

Stratasys 公司较早使用 FDM 技术,光敏固化精细度高,能实现多种材料混合成型。Stratasys 公司的 3D 打印机产品线,根据可打印物品体积,分为 MakerBot 系列、IDEA 创意系列(如 uPrint SE)、Design 设计系列(如 Objet 系列)及 Production 产品系列(如 Fotus 系列)。

(2) 3D 打印机按常见的成型工艺分为采用 FDM、SLA、SLS 等工艺的打印机,各种工艺的具体内容参阅第 2 章。

八、3D 打印流程

下面简单介绍 3D 打印流程。后面的内容基本按照打印流程进行讲解。

图 1-34 所示为 3D 打印流程图。

1. 采集 3D 模型

3D 模型主要可通过软件建模、扫描仪扫描、网上下载和平面照片创建几种方式获取。这是 3D 打印中重要的环节,无论通过哪种方式获取的模型,都要导出为 3D 打印切片软件能识别的文件格式，如 STL 格式、OBJ 格式等。

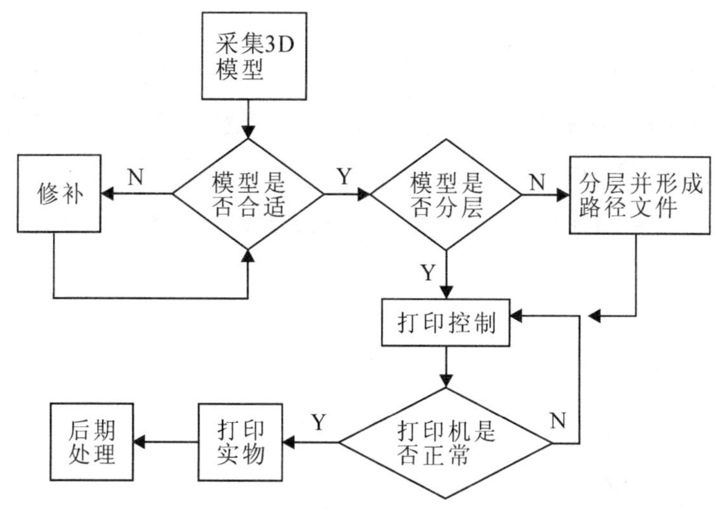

图 1-34　3D 打印流程图

2. 数据处理

3D 模型存在问题时，打印会失败甚至无法打印，这时候需要检查、修复模型，待模型不存在问题了才能进行下一步操作。尤其是工业机，必须保证模型没有错误。

3D 打印机工作时分层打印，所以必须对获取的合格的 3D 模型进行分层处理（切片），以适应打印机的工作。切片是通过软件来实现的（如 Slic3r、Cura），会生成路径文件（GCode 文件），告诉打印头该如何运动和吐料。我们可以单独使用分层软件来对模型进行分层处理，大多数情况下是通过打印控制软件来启用分层软件的。

3. 打印控制

利用打印控制软件处理 GCode 文件，并通过打印控制软件控制打印机来逐层打印模型。有些打印机自带打印控制软件。常见的打印控制软件有 ReplicatorG、Netfabb、3D Builder 等。另外，用户需要注意的是有些机器不兼容，一般在模型导入之前应将模型转换为 STL 格式。

4. 校准打印机

在打印之前，最好校准打印机，否则会产生时间和打印材料的浪费，还容易使打印机受到损伤。校准工作主要包括设置参数和调试硬件（比如连接设备、挡板归位、贴胶带、预加热等）。

5. 打印

关于打印需要注意的事项和容易出现的问题将在后面的章节中详细讲解。

6. 后期处理

打印完成后不要立即取出模型，因为模型需要时间冷却，有的甚至需要几个小时冷却。这样打印出的模型大多比较粗糙，还需要进行后期处理，比如打磨、抛光、打蜡、上色等等。最后，还应把平台清理干净。

九、发展方向

1. 标准的制定

3D 打印原型机缺乏标准，行业内早已注意到这个问题，并在努力解决。

2. 开源的设计、配置和软件

打印行业需要设备和软件开源，这样在统一的标准下能产生更多有用、高效、开放的创新。

3. 原型机实验室

原型机打印并未受到重视。现在有商业化运营的 3D 打印实验室可帮助企业打印出质量更高的原型机。

思考与复习题

1. 简述 3D 打印技术的定义。
2. 列举当前 3D 打印的应用领域，猜想其未来的发展领域。
3. 分析 3D 打印的优缺点，分析随着 3D 打印产业的发展哪些传统制造业会受到冲击。
4. 熟练掌握 3D 打印流程。

第2章
3D 打印机介绍

☆ **知识目标**：了解 3D 打印机的类别和工作原理，了解 3D 打印机的结构，学习 3D 打印机参数设置和日常维护方法。

☆ **能力目标**：能正确按不同分类方法说出 3D 打印机的类别，了解不同工艺的打印机的工作原理，掌握 3D 打印机参数设置和日常维护方法。

☆ **重难点**：3D 打印机的类别、工作原理、参数设置、维护方法。

第一节　3D 打印机的分类及工作原理

3D 打印机的分类通常有以下两种方式。

一、根据价格、精度和应用领域分类

根据价格、精度和应用领域，3D 打印机通常分为桌面级 3D 打印机和工业级 3D 打印机两种。

1. 桌面级 3D 打印机

(1) 一般成型空间不大。

(2) 精度相对较低。

(3) 打印速度较慢，一般低于 150 mm/s。

(4) 结构简单，成本较低。

(5) 使用低熔点的丝状材料。

(6) 多用于低端市场，比如打印玩偶、食品加工等。

(7) MakerBot 和 Ultimaker 是桌面级 3D 打印机“双雄”，现在市场上国产 3D 打印机占有较大比重，并不断有新产品推出。图 2-1 至图 2-3 所示为桌面级 3D 打印机。

图 2-1　桌面级 3D 打印机 1

图 2-2　桌面级 3D 打印机 2

图 2-3　桌面级 3D 打印机 3

2. 工业级 3D 打印机

(1) 成型空间大小不一。

(2) 精度较高。

(3) 打印速度较快。

(4) 结构相对复杂，多数引用了激光技术，成本高。

(5) 一般使用液体材料或者粉末状材料。

(6) 多用于高端领域，如生产加工、研究等。图 2-4 至图 2-7 所示为各种工业级 3D 打印机。

图 2-4 华曙高科工业级 3D 打印机

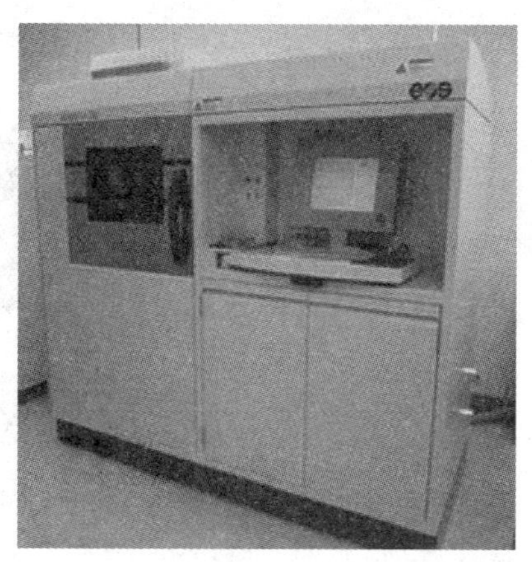

图 2-5 EOS 工业级 3D 打印机

图 2-6 Project 660 工业级 3D 打印机

图 2-7 联泰工业级 3D 打印机

二、根据成型工艺分类

根据成型工艺分类，3D 打印机主要分为可采用 FDM、SLA、SLS、3DP、LOM、SLM、PolyJet、MJP、DLP、CLIP、EBM 等技术的打印机。

1. FDM

1）工艺原理

FDM（熔融沉积）成型技术是将丝状的热熔性材料加热融化，同时打印头在计算机的控制下，根据截面信息，将材料选择性地涂在工作台上，材料快速冷却，形成一层。一层成型后，机器工作台下降一定高度（即分层厚度），再打印下一层，直至形成整个实体造型。其可用于多种材料成型，成型件强度高、精度较高，主要适用于小塑料件成型。采用该工艺时，除了使用实体部分的成型材料外，还需要使用支撑材料，以防空腔或悬臂部分坍塌。FDM 工艺原理图如图 2-8 所示。

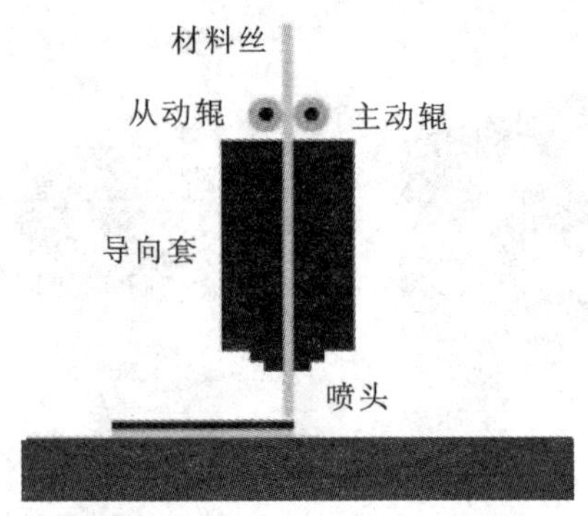

图 2-8　FDM 工艺原理图

2）技术优点

- 操作环境干净、安全，可在办公环境下进行，没有产生毒气和化学污染的危险。
- 无须激光器等贵重元器件，工艺简单，不产生垃圾。
- 原材料为卷轴丝状，易于搬运和快速更换。
- 材料利用率高，且可选用多种材料。

3）技术缺点

- 成型模型表面粗糙，需要进行后期处理，目前该技术不适合用于具有高精度要求的模型的制作。
- 模型尺寸不能很大，受材料的限制，尺寸过大容易变形。
- 打印速度较慢。
- 需要浪费材料来制作支撑。

4）应用范围

采用 FDM 技术制作出的模型比较粗糙，一般应用于学校教学、个人学习、个性化定制、制作玩偶、制作手板、食品加工等对精度要求不高的市场。

5）常见机器

下面列举了各种结构的 FDM 技术打印机（见图 2-9 至图 2-14），结构不同，原理一样。在这个领域，国产机不比进口机差，而且国产机的价格比进口机的价格低。

图 2-9　FDM 技术打印机 1

图 2-10　FDM 技术打印机 2

图 2-11　FDM 技术打印机 3

图 2-12 FDM 技术打印机 4

图 2-13 FDM 技术打印机 5

图 2-14 FDM 技术打印机 6

2. SLA

SLA(光固化),又称立体光刻、光固化立体成型、立体平版印刷。它用紫外激光选择性地让需要成型的液态光敏树脂发生聚合反应且变硬,从而造型。

1) 工艺原理

在树脂液槽中盛满透明、有黏性的液态光敏树脂,液态光敏树脂在紫外激光束的照射下会快速固化。在成型过程开始时,可升降的工作台处于液面下一个厚度的高度,聚焦后的激光束,在计算机的控制下,按照截面轮廓,沿液面进行扫描,树脂固化,得到该截面轮廓的薄片,然后工作台下降一个厚度的高度,再固化另一层,这样层层叠加而构成实体。

SLA 工艺原理图如图 2-15 所示。

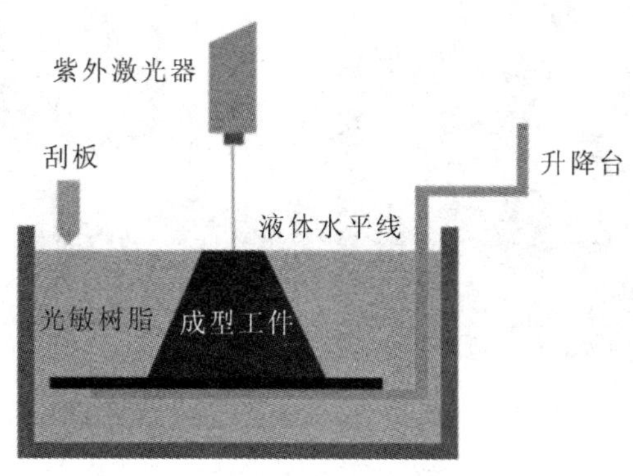

图 2-15 SLA 工艺原理图

SLA 技术用于液态材料成型,该材料较贵,所以目前 SLA 技术主要用于打印薄壁的、精度要求较高的零件。SLA 技术适合用于制作中小型工件。

2) 技术优点

- 技术形成得早,成熟度高。
- 成型速度较快,系统工作相对稳定。
- 可以打印较大的工件,后期处理比较容易。
- 精度高,可以做到微米级别。
- 表面质量较好,比较适合打印小件及较精细件。
- 可采用的树脂种类多,可以满足多种性能要求。

3）技术缺点

- SLA 设备造价昂贵，使用和维护成本过高，对工作环境要求苛刻。
- 成型件多为树脂类，材料价格贵，强度、刚度不够高，耐热性不够好，不利于长期保存。
- 成型产品对环境温度、湿度要求很高。
- 光敏树脂对环境有污染，会使人皮肤过敏。
- 需要有支撑结构，且需要在未完全固化时手工去除支撑结构，因此容易破坏成型件。

4）应用范围

- 快速加工高精度、高表面质量、多细节手板样件，可用于外观验证、装配校核，某些情况下可用于功能测试。
- 针对特殊要求有相应的特殊材料，比如耐热树脂。
- 打印产品表面质量好、精度高，可用于铸造模具。

5）常见机器

目前，这个领域进口的打印机要好些，比如 3D Systems 的 Project 系列，Stratasys 的 Object 系列。国内的主要以联泰、西通、智垒、普利生为主。图 2-16 所示为 Object 树脂打印机，图 2-17 所示为联泰树脂打印机。

图 2-16　Object 树脂打印机

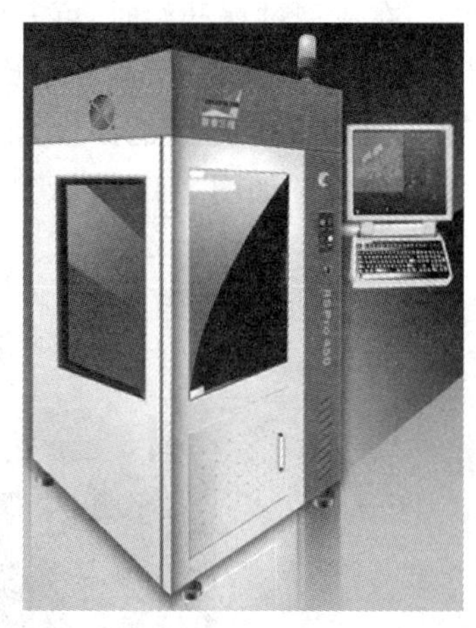

图 2-17　联泰树脂打印机

3. SLS

SLS，选区激光烧结技术、选择性激光烧结。

1）工艺原理

SLS 使用红外激光。和 SLA 不同的是，SLS 用的不是液态的光敏树脂，而是粉末，理论上讲可以使用所有的粉末材料打印。工作时先铺一层粉末材料，并刮平，将材料预热到接近熔点，再使用高强度的 CO_2 激光器有选择地在该层截面上扫描，使粉末温度升至熔点，然后烧结粘结成型。接着不断重复铺粉、烧结的过程，直至成型。SLS 工艺原理图如图 2-18 所示。

用 SLS 技术制造金属零件的方法主要有以下几种。

- 熔模铸造法：首先采用 SLS 技术成型高聚物（聚碳酸酯 PC、聚苯乙烯 PS 等）原型零件，然后利用高聚物的热降解性，采用铸造技术成型金属零件。
- 砂型铸造法：首先利用覆膜砂成型零件型腔和砂芯（即直接制造砂型），然后浇铸出金属零件。

• 选择性激光间接烧结原型件法：高分子与金属的混合粉末或高分子包覆金属粉末采用 SLS 技术，经脱脂、高温烧结、浸渍等工艺成型金属零件。

• 选择性激光直接烧结金属原型件法：首先将低熔点金属粉末与高熔点金属粉末混合，其中低熔点金属粉末在成型过程中主要起粘结剂作用，然后利用 SLS 技术成型金属零件。最后对零件进行后期处理，包括浸渍低熔点金属、高温烧结、热等静压（HIP）。

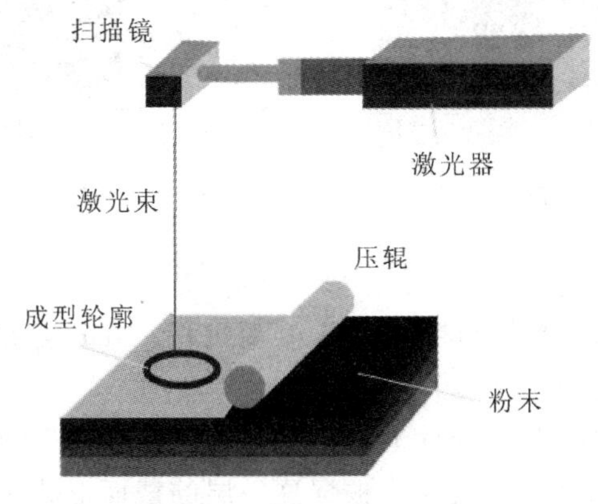

图 2-18 SLS 工艺原理图

2）技术优点

• 成型材料广泛，包括高分子、金属、陶瓷等多种粉末材料。
• 零件的构建时间较短。
• 无须支撑材料，剩余材料可循环利用。
• 最大优势在于金属成品，可直接用于生产。

3）技术缺点

• 表面粗糙，需要进行后期处理。但后期处理工艺复杂，难以保证精度，模型易变形而无法装配。
• 无法直接制成高性能的金属和陶瓷零件，制作大尺寸零件时易翘边。
• 预热时间长（2 h），冷却时间更长（5～10 h）。
• 除了本身的设备成本，大功率激光器还需要很多辅助保护工艺，整体技术难度较高，制造和维护成本非常高，目前该技术只能用于高端制造领域。
• 需要对加工室不断充氮气以确保烧结过程的安全性，加工的成本高。
• 产生有毒气体，污染环境。

4）应用范围

SLS 技术与工业（尤其是铸造行业）结合紧密。利用 SLS 技术可以直接打印一些小的金属件，如首饰、小的金属模具等。

5）常见机器

图 2-19 所示为中瑞 400，图 2-20 所示为 sPro 140。

图 2-19　中瑞 400

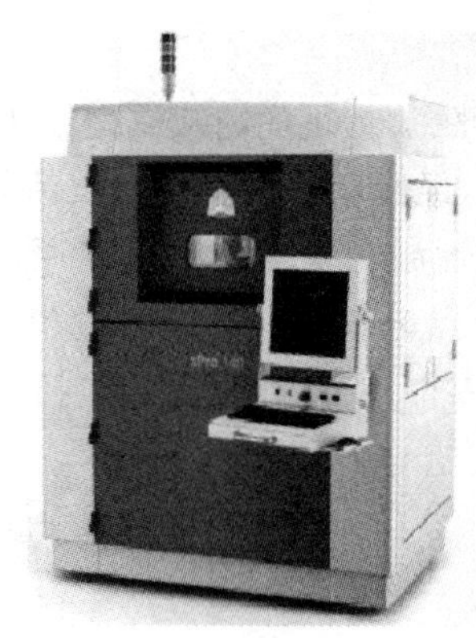

图 2-20　sPro 140

4. 3DP

3DP(喷墨沉积)技术,三维打印粘结成型、喷墨沉积。3DP 被称为真正的 3D 打印技术。

1) 工艺原理

该技术利用喷头喷粘结剂,选择性地粘结粉末来成型。首先铺粉机构在加工平台上精确地铺上薄薄的一层粉末材料,然后喷头根据这一层的截面形状在粉末上喷一层特殊的胶水,被喷到的粉末发生固化。然后再铺粉,喷头按照下一截面的形状喷胶水。如此从下至上,层层叠加,直到打印完所有层。然后把剩余的粉末清理掉,得到三围实物模型。图 2-21 所示为 3DP 工艺原理图。

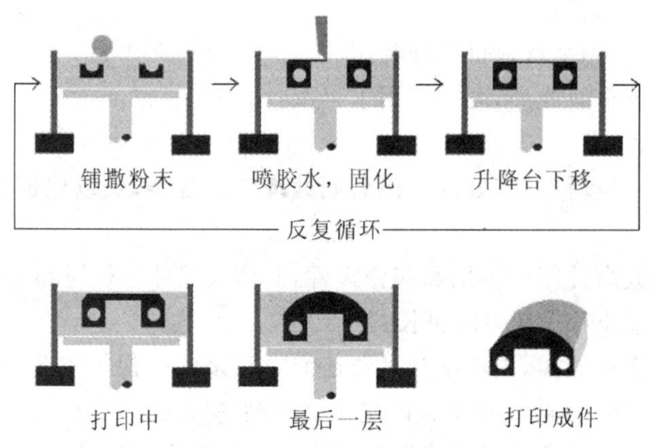

图 2-21　3DP 工艺原理图

2) 技术优点

• 无须激光器等高成本元器件。成型速度快。

• 成型过程不需要支撑,去除多余粉末比较方便,特别适合做内腔复杂的原型。

• 最大的优点是能直接打印出彩色的,无须后期上色。目前市面上打印彩色人像大多采用该技术。

3) 技术缺点

• 石膏强度较低,只能做概念型模型,而不能做功能性实验。

• 由于是粉末粘结而成的,物品表面手感较粗糙。

- 耗材不便宜,一般的石膏粉不可以用来打印,打印需要专门的石膏材料。

4)应用范围

- 打印全彩色外观样件、装配原型。比如人像、沙盘等。
- 某些条件下可生产毛坯零件,借助后期处理得到工业产品。
- 铸造模样打印。

5)常见机器

常见打印机 Zcorporation ZPrinter 850 如图 2-22 所示。

图 2-22 Zcorporation ZPrinter 850

5. DLP 成型技术

DLP(数字光处理)成型技术和 SLA 立体平版印刷技术比较相似,不过它是使用高分辨率的数字光处理器投影仪来固化液态光聚合物,逐层进行光固化,固化速度比采用 SLA 立体平版印刷技术时的速度更快。采用该技术时成型精度高。

6. UV 成型技术

UV 成型技术和 SLA 立体平版印刷技术比较相似,不同的是它利用紫外线照射液态光敏树脂,一层一层由下而上成型,成型的过程中没有噪声产生,在同类技术中成型的精度最高,通常应用于精度要求高的珠宝和手机外壳等行业。

7. PolyJet 喷射技术

2000 年,以色列 Objet 公司申请了 PolyJet 聚合物喷射技术专利,该公司已于 2011 年被美国 Stratasys 公司收购。PolyJet 喷射技术的成型原理与 3DP 的类似,但喷射的不是粘结剂而是树脂材料。

在不同的 3D 打印公司,对 PolyJet 技术的称呼不尽相同(如 3D Systems 公司将其称为 MJP),但其工艺原理是一致的。

1)工艺原理

PolyJet 技术采用的是阵列式喷头,根据模型切片数据,几百至数千个阵列式喷头逐层喷射液态光敏树脂于平台。

工作时喷头沿 XY 平面运动，光敏树脂材料被喷射到工作台上后，滚轮把喷射的光敏树脂材料表面处理平整，利用紫外光灯对光敏树脂材料进行固化。完成一层的喷射打印和固化后，设备内置的工作台会极其精准地下降一个成型层厚，喷头继续喷射光敏树脂材料进行下一层的打印。如此反复，直到整个工件制作完成。

在悬臂结构处需要支撑，支撑材料通常与模型材料不同，工件成型的过程中将使用两种以上类型的光敏树脂材料。采用 PolyJet 技术时可在机外混合多种基础材料，得到性能更为优异的新材料。

2）优势、劣势

• 可同时喷射不同材料，适合多种材料、多色材料同时打印，满足不同颜色、透明度、刚度等需求。

• 加工精度高，打印层厚参数可设置得较小，产品细节能体现得非常好。

• 产品通常不适合长期使用。

• 材料价格贵，更换材料时、打印过程中材料消耗比采用 SLA 技术时材料消耗多，产品成本高。

3）应用范围

• 可加工多材料、多颜色混合原型，也可以加工透明产品。

• 制造精度高、表面细节好的铸造模具。

• 制造小批量注塑模具。

8. LOM 分层实体制造

LOM 分层实体制造是指一种薄片材料叠加工艺，利用激光或刀具切割薄层纸、塑料薄膜、金属薄板或陶瓷薄片等片材，非零件区域切割成若干小方格，便于后期去除，然后通过热压或其他形式层层粘结，获得三维实体零件。该工艺适用于制作大中型原型件和功能性测试零件等，特别适用于制作砂型铸造模具。

9. EBM 技术

电子束熔融（EBM）成型法由 Arcam 公司发明，是金属增材制造的一种方式。电子束熔融成型法的能量源为电子束。

1）工艺原理

电子束熔融技术经过密集的深度研发，现已广泛应用于快速原型制作、快速制造、工装和生物医学工程等领域。EBM 技术使用电子束，将金属粉末一层一层融化并生成完全致密的零件。

电子束由位于真空腔顶部的电子束枪生成。电子束枪是固定的，而电子束则可以受控转向，到达整个加工区域。电子从一个丝极发射出来，当该丝极加热到一定温度时，就会放射电子。

电子在一个电场中被加速到光速的一半，然后由两个磁场对电子束进行控制。第一个磁场扮演电磁透镜的角色，负责将电子束聚焦到期望的直径，第二个磁场将已聚焦的电子束转向到工作台上所需的工作点。EBM 工艺原理图如图 2-23 所示。

因具有直接加工复杂几何形状的能力，EBM 技术非常适用于小批量复杂零件的生产。

采用该技术时直接使用 CAD 数据，一步到位，所以加工速度很快。与砂模铸造或熔模

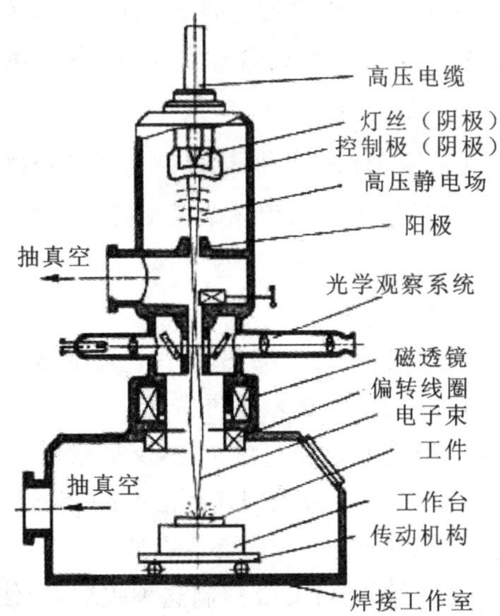

图 2-23　EBM 工艺原理图

精密铸造相比，使用该技术时加工时间显著缩短。

生产过程中，EBM 技术和真空技术相结合，可获得高功率并具备良好的环境，从而确保材料性能优异。图 2-24 所示为采用 EBM 技术加工的工件。

2）优势、劣势

• 在窄光束上达到高功率的能力，能打印难熔金属，并且可以将不同的金属融合。

• 真空环境排除了产生杂质的可能，譬如氧化物和氮化物，真空熔炼的质量可保证材料的高强度。

• 激光束式不实施预热，电子束式实施预热。电子束式的温差小，残余应力小，加工所需支撑较少。

图 2-24　采用 EBM 技术加工的工件

• EBM 技术加工过程中会预热粉末，粉末会呈现假烧结状态，不利于小孔、缝隙类特征打印，如 1mm 的孔易被粉末堵死。

• EBM 设备需要真空系统，在硬件方面需投入大量资金，而且需要维护。电子束技术的操作过程会产生射线(解决方案:真空腔的合理设计可以完美地屏蔽射线)。

10. SLM 技术

1995 年，德国弗劳恩霍夫激光器研究所最早提出了选择性激光熔融技术(SLM)。SLM 技术克服了 SLS 技术制造金属零件工艺过程复杂的困扰。图 2-25 所示为采用 SLM 技术加工的工件。

1) 工艺原理

SLM 技术是指利用金属粉末在激光束的热作用下完全熔化再经冷却凝固而成型的技术。SLM 与 SLS 的制件过程非常相似，这里不再赘述。

但是，采用 SLM 技术时一般需要添加支撑结构，支撑结构的主要作用体现在:

① 承接下一层未成型粉末层，防止激光扫描到过厚的金属粉末层而发生塌陷;

② 由于粉末受热熔化再冷却的过程中，内部存在收缩应力，易导致零件发生翘曲等，支撑结构连接已成型部分与未成型部分，可有效抑制这种收缩，能使成型件保持应力平衡。

图 2-25　采用 SLM 技术加工的工件

2) 优势、劣势

• 采用 SLM 技术加工的物品具有良好的力学性能。
• 可加工材料种类持续增加，所加工零件可后期焊接。
• 价格昂贵，加工速度偏低。
• 精度和表面质量不够高，可通过后期处理来提高。

3) 应用范围

• 加工装配部件等。
• 支撑零件，如夹具、固定装置等。
• 小批量零件生产。
• 注射模具。

11. CLIP 技术

连续液面生产(CLIP)技术本质上是 SLA(或 DLP)技术的改进，其原理并不复杂，底部的紫外光投影让光敏树脂固化，而氧抑制光敏树脂固化，水槽底部的液态光敏树脂由于接触氧气而保持液态，这样就保证了固化的连续性。

CLIP 技术主要依赖于一种特殊的既透明又透气的窗口，该窗口同时允许光线和氧气通过。打印机能够控制氧的确切量和氧气被允许进入树脂池的时间。

氧气因此起到了抑制某些区域光敏树脂固化的作用,而与此同时光线会固化没有暴露在氧气里的光敏树脂。也就是说,氧气能够在光敏树脂内营造光固化的“盲区”,这种“盲区”最小可达几十微米厚。在这些区域里的光敏树脂根本不能发生光聚合反应,然后设备会使用 UV 像放电影那样把 3D 模型的一系列横截面投射到里面。图 2-26 所示为 CLIP 工艺原理图。

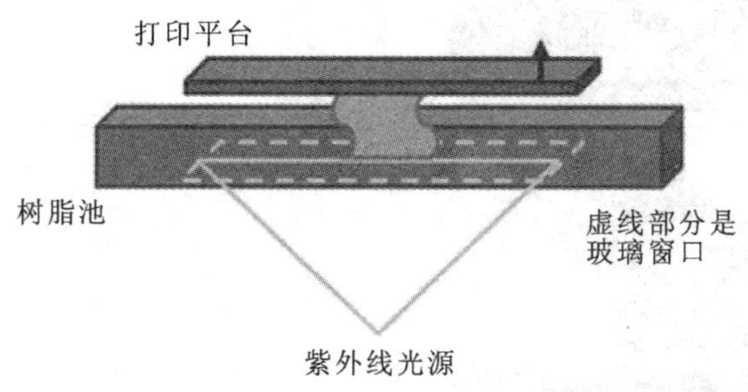

图 2-26 CLIP 工艺原理图

这项技术主要具有两个优势:一是使打印速度提高了;二是分层更多。传统 3D 打印需要把 3D 模型切成很多层,类似于叠加幻灯片,这个原理就决定了打印出的物品必定比较粗糙,而连续液面生产模式在底部投影的光图像可以做到连续变化,相当于从叠加幻灯片进化成了叠加视频,虽然毫无疑问这个视频帧数是有限的,但是相对幻灯片来说,其进步是巨大的。

使用连续液面生产的加工方式大大改善了物品的力学性能。

12. MJF 技术

MJF 技术主要由惠普公司研发。

采用 MJF 技术的打印机主要依靠两个不同的喷墨组件打造全彩的 3D 零部件:一个喷墨组件主要负责铺设打印材料,形成对象实体;另一个喷墨组件负责喷涂、上色和融合,使部件获得所需要的强度和纹理。

MJF 工艺流程简单来说就是,先铺一层粉末,然后喷射熔剂,与此同时还会喷射一种精细剂,以保证打印对象边缘的精细度,再在上面施加热源。

惠普公司表示,采用 MJF 技术的打印机的打印速度比采用选择性激光烧结技术、熔融沉积成型技术的打印机的打印速度快,而且不会牺牲部件的精细度。

第二节 FDM 设备简介

一、机型结构及其特点介绍

机型结构及其特点如表 2-1 所示。

表 2-1　机型结构及其特点

结　构	图　片	特　点
Kossel		打印速度快，可与 Ultimaker 媲美，但是稳定性差，调平难度高
Prusa		价格低廉，安装简单，精度不高，稳定性很差
Core XY		箱体结构，精度高，属于中端机，打印速度慢，机器皮带的弹性会导致机器稳定性下降
Hbot	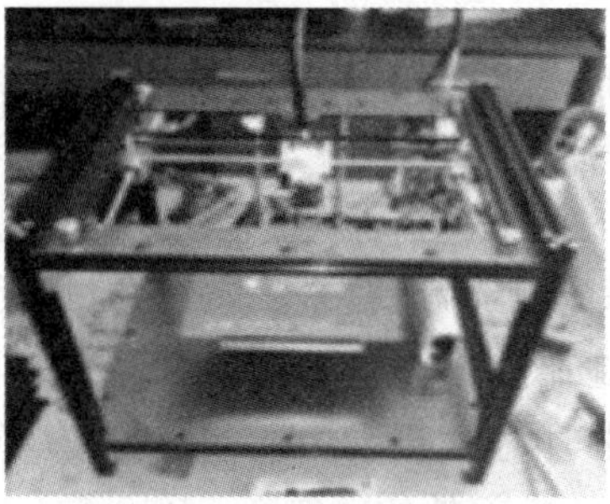	除了具有 Core XY 结构的特点，还存在扭矩误差
UM2		箱体结构，速度高，精度高，稳定性好，性价比很高

二、FDM 设备技术参数

因为没有统一的行业标准，所以不同厂家所使用的技术参数名称可能不同。

(1) 成型尺寸：打印机能打印的最大尺寸，成型尺寸越大，价格越高。

(2) 层厚：0.1～0.4 mm，俗称打印精度（不严谨），此参数与喷嘴孔径和 Z 轴精度有关。

(3) 打印速度：两种表示方法，一种用单位时间移动的距离表示（如 100 mm/s），另一种用单位时间构建的体积表示（如 100 mm^3/h）。在实际应用中，打印速度要根据打印机的实际情况合理设置。

(4) 打印头温度：不同的打印材料，需要设置不同的打印头温度，一定要正确设置。

(5) XYZ 轴精度：更多地用来表示打印机精度。

(6) 耗材直径：通常为 1.75 mm、3.00 mm，还有其他规格。

(7) 耗材：打印机基本都可使用 PLA 打印材料，可使用 ABS 打印材料的打印机占少数。

(8) 联机方式：建议采用 U 盘、SD 卡等脱机打印，不建议使用联机打印。

(9) 文件格式：STL、OBJ、AMF、3DS、GCode 等。

(10) 其他：送料方式、断电续打、蓝牙、WiFi 等参数。

三、如何选购桌面级 3D 打印机

1. 购机目的

这是首先要考虑的问题，初学者可买品牌机，经验丰富者可买配件组装；教学选用小型机，加工时大小型机都用得上。

2. 性价比

打印机性能要好，价格要低。用户根据自己的资金和需要的机器性能，选取性价比合适的打印机。

机器性能得看参数，尤其是打印精度、打印速度和稳定性。购买时可测试相关参数并货比三家。

3. 打印材料

大多数打印机都能使用 PLA 打印材料，少数打印机能使用 ABS 打印材料。因此购买打印机时应注意打印机可使用的打印材料。

4. 操作简便性

切片软件和打印机等的操作简便性虽然不一定那么重要，但是能让操作者少些烦恼。

5. 多功能性

比如断电续打、自动检测等，有了这些功能，会给打印带来极大的方便。

6. 售后服务

面对同样的或者相差不多的打印机建议选用本地生产的打印机或者本地有代理商的打印机，以便于故障维修。

7. 不迷信进口机

就桌面级 3D 打印机来说，进口机不见得比国产机好用，而且进口机的价格比国产机的价格高。

四、自由组装 3D 打印机

自由组装 3D 打印机需要具备多种软件、硬件，详细内容请查阅 3D 打印机组装与维修相关内容。

思考与复习题

1. 简述 3D 打印机的种类。
2. 简述各种成型工艺的特点和工艺原理。
3. 列举一款打印机的主要参数。
4. 选一款适合自己使用的 3D 打印机，并陈述理由。

第3章

三维软件及模型介绍

☆ **知识目标**：学习从网上下载三维模型，并进行格式转换；了解三维建模软件；了解扫描仪获取数据的方式。

☆ **能力目标**：能熟练查找、下载模型，并进行格式转换；知道如何选用建模软件；了解扫描仪是如何获取数据的。

☆ **重难点**：模型的可打印性、格式转换、专业性的建模软件。

三维模型数据是打印流程里的第一个环节，也是最重要的一个环节。通常有三种获取模型的方式，即网上下载、建模和扫描获取。不管通过哪种方式获取的模型，都要保证其正确性和可打印性。还有文件的格式，一般通用的格式是 STL 格式，有时也支持 OBJ 格式、DAE 格式、AMF 格式、图片格式等。

第一节　网上下载模型

一、常见的模型下载地址

打印啦，网址为 www. dayinla. com。

南极熊，网址为 www. nanjixiong. com。

中国 3D 打印网，网址为 www. 3dprinterscn. com。

三迪时空制造云平台，网址为 www. 3dfocus. com。

光神网，网址为 www. fuiure. com。

还有很多可以下载三维模型的地址，大家可以用"百度"等搜索引擎来搜索。

二、以"打印啦"为例，下载模型

登录 www. dayinla. com，用户可以利用网站中的模型分类目录慢慢查找自己需要的模型，也可以利用网站的搜索功能来查找具体模型。下载模型的操作很简单，在此不赘述。

三、自主下载模型

每人下载五个模型，保存到 F 盘以自己名字命名的文件夹中。注意模型文件的格式、大小及可打印性，细节不需要太多，不要太复杂。

四、下载的模型示例

表 3-1 所示为下载的模型示例。

表 3-1　下载的模型示例

模型名称	模型样式	文件格式	点　评
指尖陀螺		OBJ	模型比较简单，只要文件不是太小，就很好打印。文件格式可能需要转换

续表

模型名称	模型样式	文件格式	点　评
树叶		STL	文件可打印，只是需要调整角度
三轮车 车架		STL	这是组装件，需要分开打印后再拼装。比较容易打印
东方明珠		3DS	文件格式为 3D MAX 源文件格式，文件需要转换或者通过 3D MAX 重新导出。这种模型可以分开打印，也可以使用大型机器一次打印成型
动漫角色： 喷火龙		OBJ	细节比较多，两翼薄，比较适合分开打印，一体打印会产生很多支撑，而且只能打成比较大的尺寸。需要打印成小尺寸时应采用工业机
动漫角色： 阿狸		OBJ	如果要一次成型，则不宜选用桌面级 3D 打印机打印；如果采用拼装方式的话，则可选用桌面级 3D 打印机打印。在颜色方面需要后期上色

五、转换模型格式

可以使用“格式工厂”(我们一般使用 MeshLab)来转换文件格式。有时转换格式后的文件会“病变”，无法使用。如果无法转换模型格式，则只能进入原设计软件，将文件重新导出成 3D 打印机能识别的文件格式。

第二节　建模软件介绍

针对 3D 打印个性化的特点，网上下载的模型不能满足不同的需求，因此，掌握至少一款建模软件的使用方法是非常有必要的。

一、艺术类

3DS MAX：AUTODESK 公司出品，常用于建筑模型、工业模型、室内设计、游戏角色等行业，属于比较基础的三维建模软件。

MAYA：AUTODESK 公司出品的 3D 软件，相对 3DS MAX 来说，MAYA 的专业性更强，功能非常强大，渲染真实感极强，是电影级别的高端制作软件。

Blender：一款开源的跨平台全能三维动画制作软件，提供从建模、动画、材质、渲染到音频处理、视频剪辑等一系列动画短片制作解决方案。

ZBrush：由美国 Pixologic 公司开发，是世界上第一个让艺术家感到无约束而能自由创作的 3D 设计工具。

MudBox：AUTODESK 公司出品的 3D 雕刻建模软件，它和 ZBrush 各有千秋。在某些人看来，MudBox 的功能甚至比 ZBrush 的功能强大。

MeshMixer：AUTODESK 公司开发出的笔刷式 3D 建模工具，它能让用户通过笔刷式的交互来融合现有的模型从而创建 3D 模型，比如类似“牛头马面”的混合 3D 模型。

二、机械类

AutoCAD：美国 AUTODESK 公司出品的自动计算机辅助设计软件，用于二维绘图、文档规划和三维设计，如制作平面布置图、地材图、水电图、节点图及大样图等。

UG NX：由美国 Unigraphics Solutions (UGS) 公司开发的 CAD(计算机辅助设计)、CAE(计算机辅助工程)、CAM(计算机辅助制造)一体化的三维软件，后被西门子公司收购，广泛用于通用机械、航空航天、汽车工业、医疗器械等领域。

Pro/E：Pro/Engineer，是美国 PTC 公司发布的 CAD、CAM、CAE 一体化的三维软件，具有参数化设计特性，基于特征的建模方法具有独特的功能，在模具设计与制造方面功能强大。

SolidWorks：世界上第一个基于 Windows 开发的三维 CAD 系统。相对于其他同类产品，SolidWorks 操作简单方便、易学易用，国内外的很多教育机构都把 SolidWorks 课程列为制造专业的必修课。

CATIA：由法国 Dassault Systemes 公司开发的 CAD、CAE、CAM 一体化的三维软件，支持产品开发的整个过程，即从概念(CAID)到设计(CAD)、分析(CAE)、制造(CAM)的完整流程。制造厂商可借助该软件设计未来的产品，并支持从项目前期阶段、具体的设计、分析、模拟、组装到维护在内的全部工业设计流程，在机械行业、航空航天、汽车工业、造船工业等领域应用广泛。其实体造型和曲面设计的功能非常强大。

三、其他

SketchUp：一套面向普通用户的易于使用的 3D 建模软件。中文名为草图大师。使用 Sketch Up 创建 3D 模型就像我们使用铅笔在图纸上作图一般，软件能自动识别用户画的线条，并加以自动捕捉。使用 SketchUp 建模的流程简单明了，就是画线成面，而后拉伸成体，这也是建筑或室内场景建模常用的方法。

EasyToy：草图式的 3D 建模软件，适用于卡通动漫形象与玩具的设计。

Autodesk 123D：AUTODESK 公司 (推出过知名的 AutoCAD) 发布的一套适合普通用户使用的建模软件。该套软件为用户提供多种方式生成 3D 模型：①用简单、直接拖曳 3D 模型并进行编辑的方式进行建模；②直接将拍摄好的数码照片在云端处理为 3D 模型；③自己动手制作模型，该软件为爱动手的用户提供了多种方式来发挥自己的创造力。不需要学习复杂的专业知识，任何人都可以轻松使用该套软件。

FaceGen Modeller：一款 3D 建模软件，能随机或者根据照片创建三维人类面孔，能使用包括年龄、种族和性别在内的 150 种控制编辑面孔。

关于构建人体模型及动画，推荐 Metacreations 公司的 Poser 软件（俗称“人物造型大师”）和开源的 MakeHuman 软件。利用这两款软件都可以快速形成不同年龄段的男女脸部及肢体模型，并可对局部进行调整。利用这两款软件可以轻松、快捷地设计人体造型、动作和动画。

Geomagic：俗称“杰魔”，包括系列软件 Geomagic Studio、Geomagic Qualify 和 Geomagic Piano。其中 Geomagic Studio 是被广泛使用的逆向工程软件，具有下述特点：确保完美无缺的多边形和 NURBS 模型处理复杂形状或自由曲面形状时，生产效率比传统 CAD 软件的生产效率高数倍；可与主要的三维扫描设备和 CAD、CAM 软件进行集成。

RapidForm：韩国 INUS 公司出品的逆向工程软件，提供了新一代运算模式，是很多 3D 扫描仪的 OEM（定点生产）软件。Konica Minolta 的激光扫描仪 Range 7 就是用 RapidForm 来进行逆向设计的。ARAP 参数化算法被集成到了 RapidForm 软件中。

Magics RP：一套模组化的软件，搭配各个模组，可完全控制 STL 档案，达到快速原型机所能接受的 STL 档案格式要求。

想一想

你该掌握哪些软件的操作方法呢？

第三节 扫描获取数据

一、扫描视频

网络上有很多关于扫描的视频，多观看人像扫描和工业扫描的视频有助于理解三维扫描。

二、为什么要扫描

三维扫描是一种逆向工程技术，对已经存在的物体，通过扫描获取其三维数据，再通过加工手段复制物体。该技术一般需要与建模软件和修复软件配合使用，才能发挥其最大作用。

在以下几种情况下，采用扫描方式是明智的：

- 不会建模。
- 物体结构复杂，不易建模。
- 需要保持与原物的一致性。尤其是曲面，有些数据很难测量，重新建模难以保证数据与原模型的一致性。

三、三维扫描仪

三维扫描仪是一种科学仪器，用来侦测并分析现实世界中物体或环境的形状（几何构造)与外观数据(如颜色、反照率等)。搜集到的数据常被用来进行三维重建计算,在虚拟世界中创建实际物体的数字模型。

三维扫描仪提供的各种不同的重建技术都有其优缺点,因而三维扫描仪的成本与售价也有高低之分。目前并无一体通用的重建技术,创建模型时采用何种仪器与方法往往受限于物体的表面特性。例如光学技术不易处理闪亮(高反照率)、镜面或半透明的表面,而激光技术不适用于处理脆弱或易变质的表面。

四、三维扫描的适用范围

1. 机械制造类

如扫描工件(见图 3-1 和图 3-2),利用三维扫描技术制作模具、样板等。

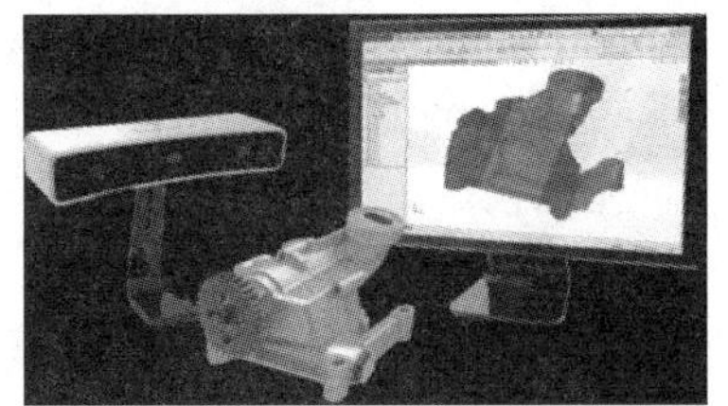

图 3-1 扫描工件 1

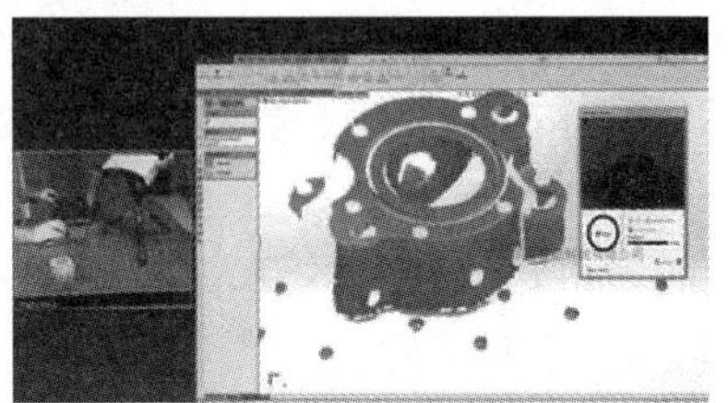

图 3-2 扫描工件 2

2. 个性化定制类

如扫描人像、服装鞋帽等。图 3-3 所示为扫描鞋,图 3-4 所示为扫描人像,图 3-5 所示为利用三维扫描技术制作出的模型。

图 3-3 扫描鞋

图 3-4 扫描人像

图 3-5 利用三维扫描技术制作出的模型

3. 文物类

三维扫描技术可用于文物修复、文物仿制、工艺品仿制等。图 3-6 所示为扫描玩偶,图 3-7所示为扫描文物。

图 3-6 扫描玩偶

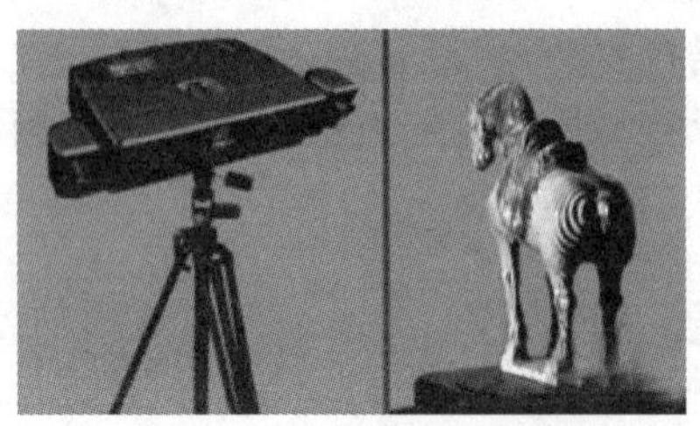

图 3-7 扫描文物

4. 数据测试类

利用三维扫描技术获取实物数据后与原模型数据比对，进行设计验证，如图 3-8 所示。

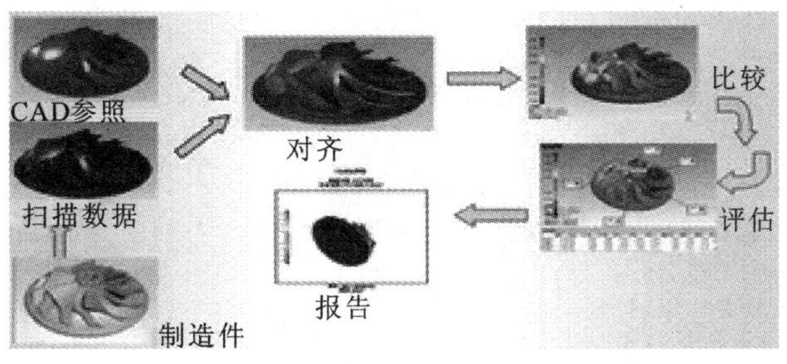

图 3-8　设计验证

5. 其他类

三维扫描技术可用于城市规划、地形地貌勘测、沙盘制作等。图 3-9 所示为三维扫描技术在园林规划中的应用，图 3-10 所示为扫描地形地貌，图 3-11 所示为打印地形地貌图。

图 3-9　三维扫描技术在园林规划中的应用

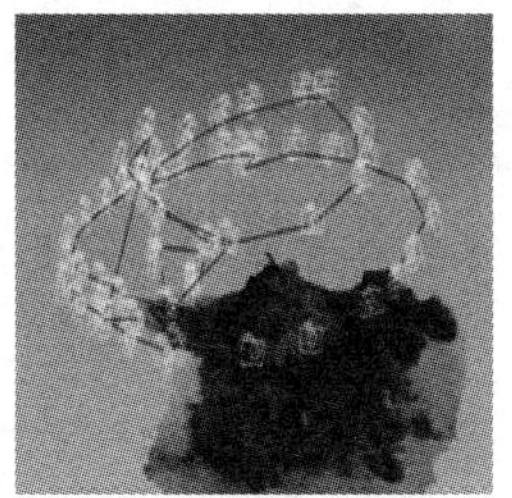

图 3-10　扫描地形地貌

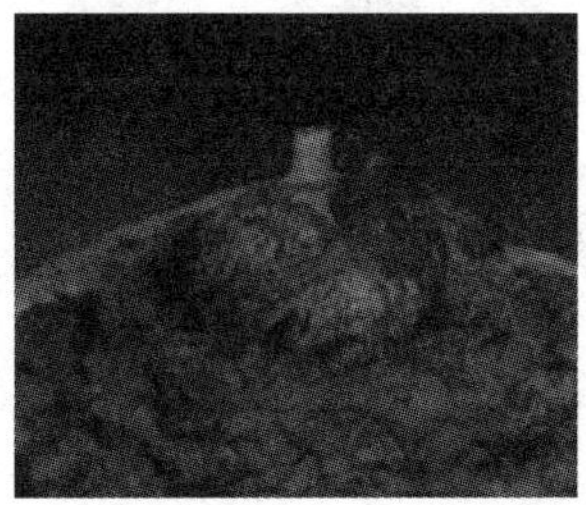

图 3-11　打印地形地貌图

思考与复习题

1. 登录相关网站，从每个网站上下载 1 个模型。
2. 下载 20 个不同样式的模型，并用 2 种格式保存。
3. 除了本书介绍的这些建模软件，还有哪些建模软件？列出三款软件，并说说它们的特点。
4. 下载自己所学专业需要的几款建模软件。
5. 查阅关于三维扫描的信息。

第 4 章

模型的检查与修复

☆ **知识目标**:检查与修复模型。

☆ **能力目标**:能正确检查与修复模型。

☆ **重难点**:软件使用。

一、为什么要检查模型

并不是所有的模型都可以正确打印出来的,若模型有些技术性的错误或不符合打印要求,则会导致打印失败。因此,在打印之前,我们应该检查模型。如果利用手工操作来检查模型,那么工作量可能会非常大,所以我们一般利用软件来检查模型。

二、常见修复软件介绍

1. Emendo

利用 Emendo 软件修复 3D 模型的步骤较为简单,一般需要三个步骤:首先,选择要修复的模型,Emendo 将会自动查找错误,并将错误用红色标示出来。其次,修复模型,Emendo 自动对模型进行修复。最后,对修复后的模型进行验证。验证完毕后,如果错误仍然存在,那么 Emendo 将会重建网面并自动提供一个没有问题的 3D 模型。

2. Netfabb

该软件可以编辑 STL 文件。该软件可以用来打开 STL 文件并显示模型中存在的错误信息。其中包含的针对 STL 文件的基本功能有分析、缩放、测量、修复。

3. Blender

该软件的特色是具有 3D 打印模块,利用该软件可以对模型进行检查、修复。

4. Geomagic

俗称“杰魔”,是一款专业的三维扫描后处理软件,具有强大的点云处理、逆向建模和错误修复功能。

5. Magics

对于使用 STL 文件工作的人们来说,Magics 是理想的、完美的软件解决方案。Magics 在处理平面数据的简单易用和高效性方面确立了标准。该软件提供先进的、高度自动化的 STL 文件操作。这使我们在强大的互动工具的帮助下,能够在几分钟内改正具有瑕疵的 STL 文件。

6. MakePrintable

在线 STL 和 3MF 文件修复工具,可自动重建整个网格和修复文件中的任何错误。它通过部署大量优化的服务器来实现其功能,根据文件的类型和在其中发现的问题等来重建文件。这种独特的技术意味着 MakePrintable 的工作形式不同于其他 STL 和 3MF 文件修复软件(如 Netfabb 和 Magics)的工作形式。此外,通过在大量分布式 GPU 的 MakePrintable 上部署固定解决方案,其计算能力远远高于高端桌面系统的计算能力。

注：

简单的模型修复可使用任意一款软件。（本书将在后面介绍采用 Netfabb 修复模型的操作过程；工业级修复和后处理可使用 Geomagic、Magics、Zbrush 等）

三、模型的注意事项

模型的注意事项如表 4-1 所示。

表 4-1　注意事项

序号	项目名称	解　　释	案例图片
1	破面	不符合水密性，模型表面形成孔洞	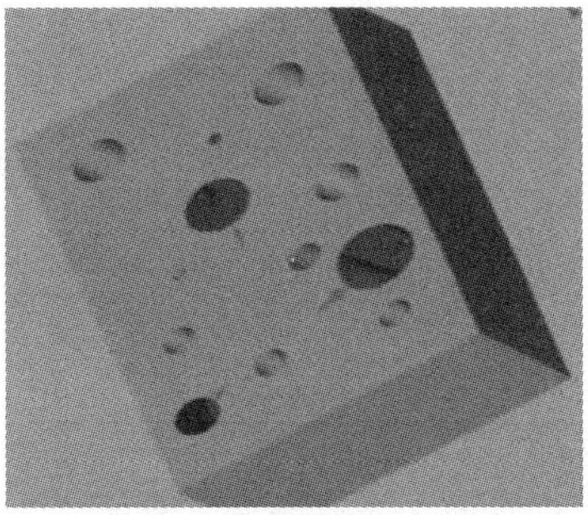
2	交叉面	两个面有交叉	
3	法线错误	面的方向是反的	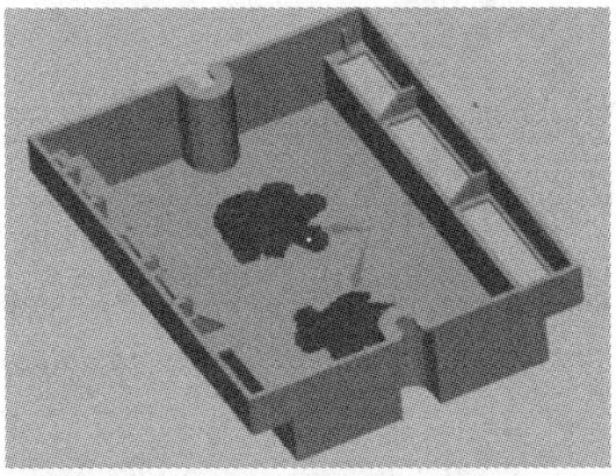
4	0 厚度	单纯的面片，没有厚度或者厚度小于打印机能打印的厚度	 0.346

续表

序号	项目名称	解　　释	案例图片
5	多边面	一个面超过四条边	
6	非流性	多个面共享一条边	被四个面共享的边
7	圆角	尽量用圆角/斜面平滑过渡，避免使用直角，以防止打印时接触位置打印得不好	
8	45°法则	尽量避免斜面和水平面夹角小于 45°，当夹角小于 45°时需要额外的支撑材料或高明的建模技巧来完成模型打印，而 3D 打印的支撑结构比较难做。添加支撑既耗费材料，又难处理，而且处理之后会破坏模型的美观	
9	公差	选择合适的容许公差。对于组合模型，需预留合适的公差，以便拼装	

续表

序号	项目名称	解　　释	案例图片
10	尖锐细长部分	这种情况会大大提高打印的难度，模型甚至不能打印	
11	适度的外壳	具有精度要求的模型不要使用过多的外壳，对于一些印有微小文字的模型来说，多余的外壳会使这些精细处变得模糊	
12	悬垂部分	设计时尽量避免加支撑，有些悬垂部分需要手动设计支撑，如尾巴，而且要考虑添加的支撑能不能解决悬垂部分的晃动问题	

四、Netfabb 的使用

通常，使用 Netfabb 快速修复模型包含下列流程：①在 Netfabb 中加载模型并预检。②进行标准检查。③自动修复。④采用修复结果并再次检查(可能需要重复多次)。⑤输出修复结果。

案例：

导入模型 girl. stl，按流程进行修复，并导出正确模型。

1. 加载模型并预检

直接把模型文件 girl. stl 拖曳到 Netfabb 窗口中。

在模型加载完成后，Netfabb 会自动对模型进行一系列检查(主要包括模型是否有未闭合空间，是否存在相反的法线，是否有孤立的边线等)，如果发现问题，则在屏幕右下角会显示警示符号，如图 4-1 所示。

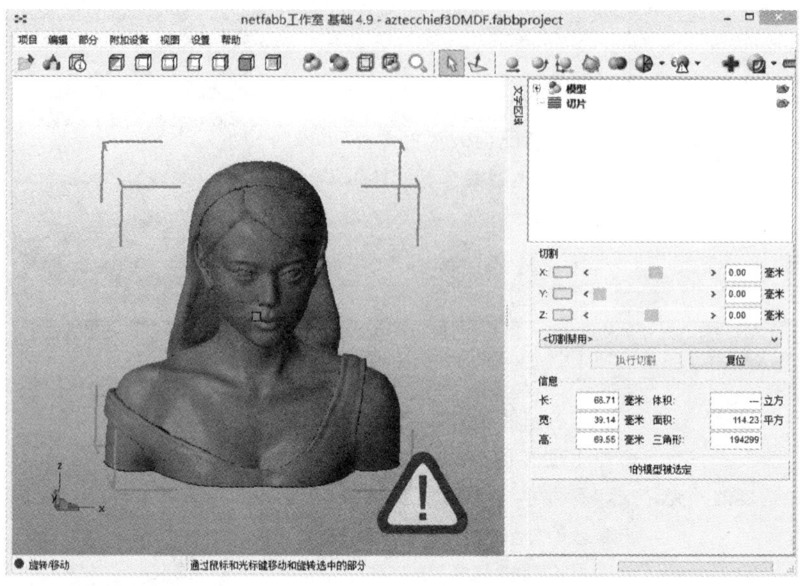

图 4-1 显示警示符号

当模型加载完成后没有看到红色感叹号时，表示模型没有问题，从而可以跳过后边的步骤，直接进行切片打印。

2. 进行标准检查

在预检之后，如果提示存在错误，那么我们需要对模型进行更彻底的检查，执行“附加设备”→“新的分析”→“标准分析”命令。

如图 4-2 所示，检查结束后我们可以在右上方看到多了一个名为“模型分解”的层；在

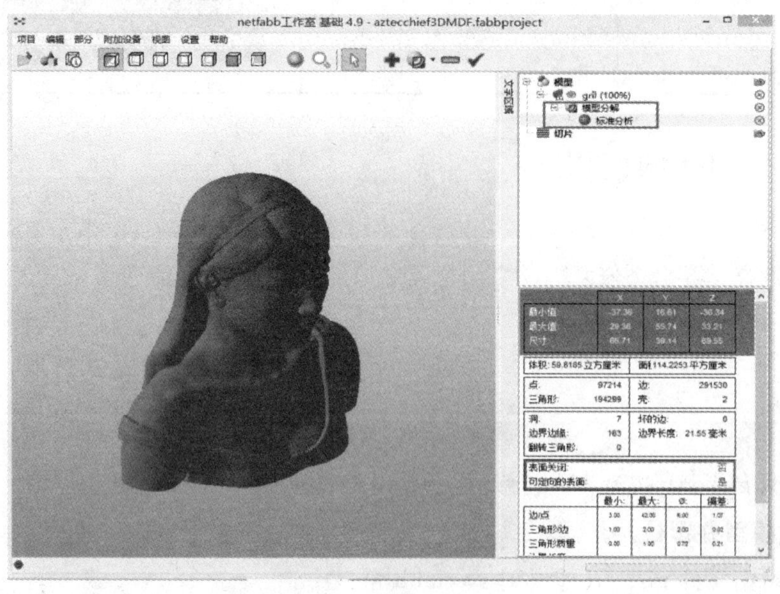

图 4-2 分析模型结果

右下方，可以看到“表面关闭：否”，提示该模型未关闭；在右下方，还可以看到“可定向的表面：是”，表示模型中不包含相反的法线，这是件好事。模型未关闭的原因有很多，可能模型中存在没有吻合的边，或者面没有完全衔接上。这些问题可能在画面上看不出来，但是 3D 打印时会带来麻烦。

3. 自动修复

执行“附加设备”→“修复模型”命令，进行修复。

如图 4-3 所示，在右下方我们可以看到当前模型的一些统计信息，单击“自动修复”按钮。

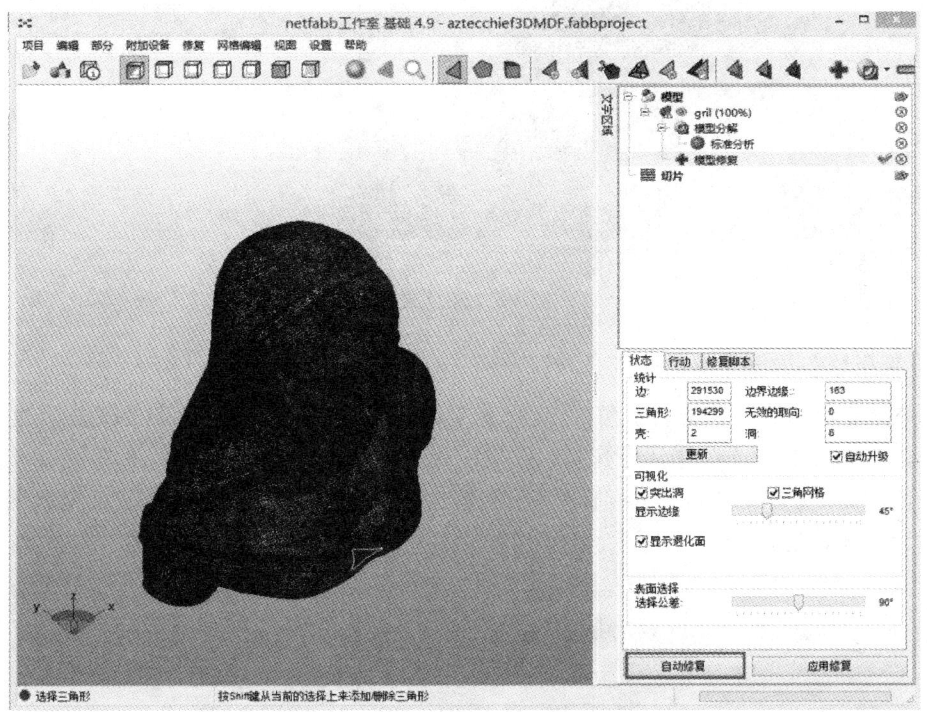

图 4-3　自动修复

在弹出的对话框中选择“默认修复”，然后单击“执行”按钮，如图 4-4 所示。

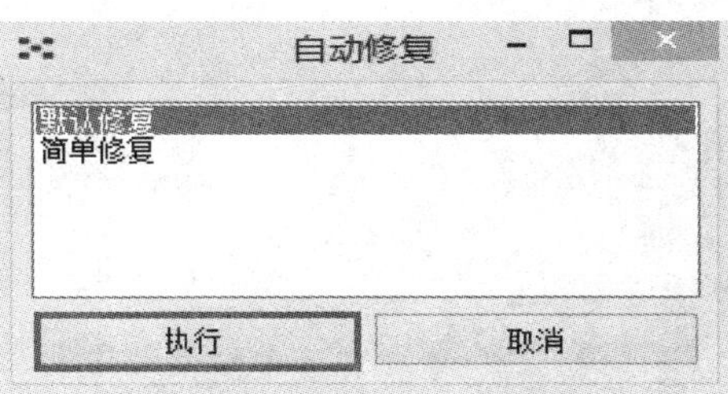

图 4-4　选择“默认修复”，单击“执行”按钮

在图 4-5 所示的修复结果中，我们可以看到模型的一些参数有了变化。例如，“边界边缘”“洞”参数变为“0”了。

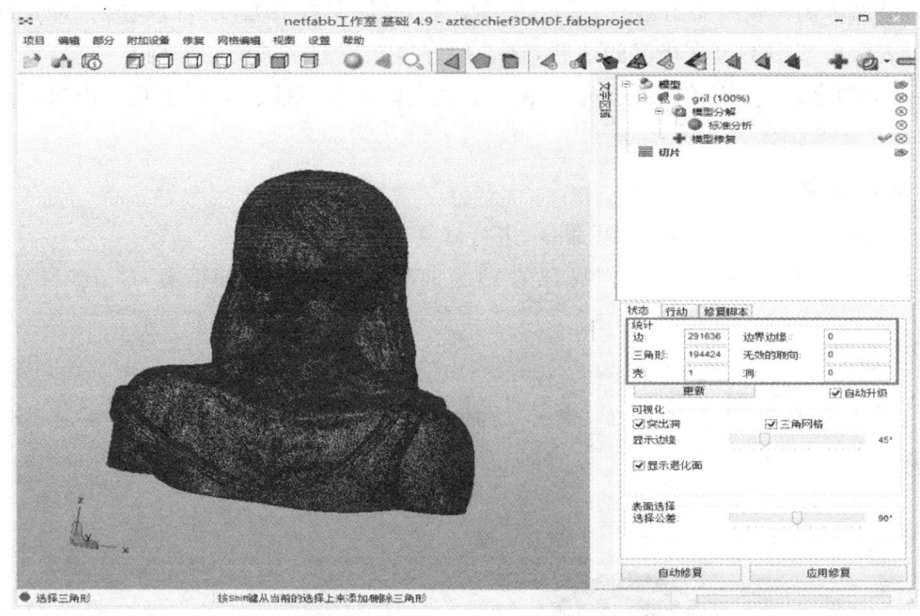

图 4-5 修复结果

4. 采用修复结果并再次检查

在图 4-5 所示界面单击右下角的“应用修复”按钮。这个操作会移除之前添加的“模型分解”和“模型修复”层，并且将修复的结果应用于原来的模型。

保险起见，我们可以再次运行标准检查，这次可以看到“表面关闭：是”“可定向的表面：是”，表示完成修复，如图 4-6 所示。

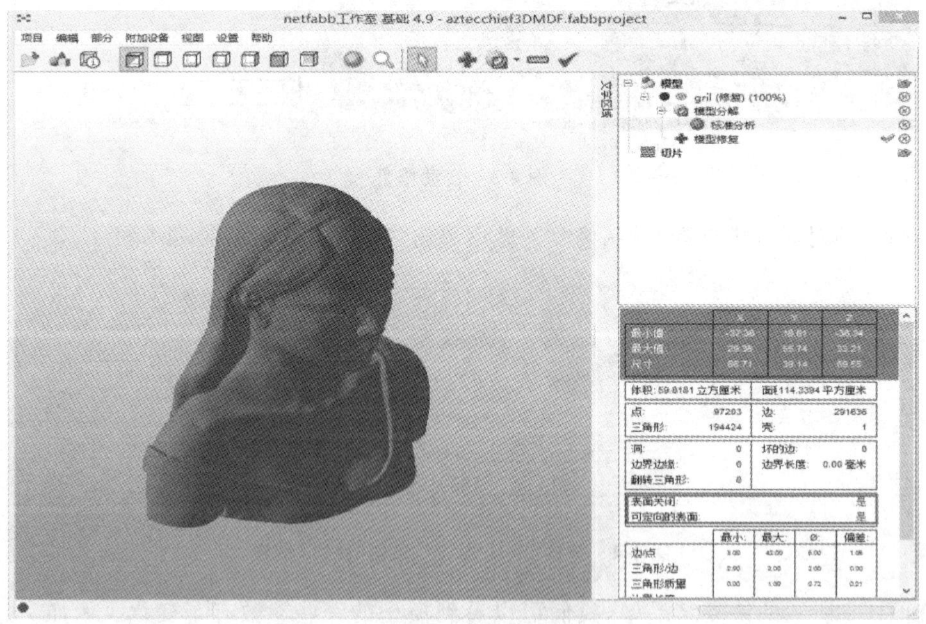

图 4-6 完成修复

5. 输出修复结果

导出修复后的模型文件 girl-r. stl。

需要说明的是，直到此时我们都未改动原有的文件，只是在原有模型的基础上建立了新的模型。所以如果我们觉得修复效果不错的话，则需要将修复结果另外导出，即在“部分”→“输出零件”子菜单（见图 4-7）中选择需要导出的模型文件类型。

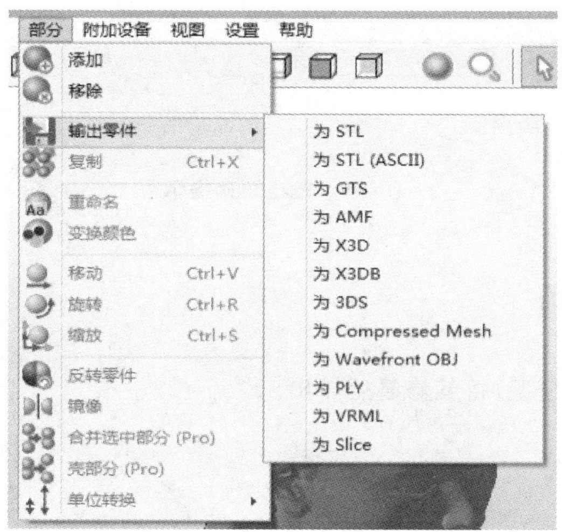

图 4-7 “输出零件”子菜单

有时候，输出模型时可能会有对话框提示模型仍有错误，如图 4-8 所示。

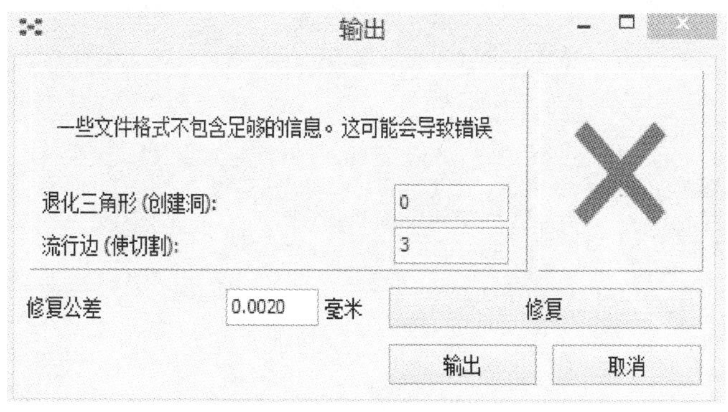

图 4-8 输出错误提示

这是因为输出模型时针对将要输出的文件类型有着更严格的检查，此时可以单击图 4-8 所示对话框中的“修复”按钮，让 Netfabb 针对该种文件类型进行额外的修复，通过修复一般都能解决问题，将会出现图 4-9 所示的输出正确提示。

注：

在 FDM 技术中，有些错误不会对打印产生影响，用户可根据切片软件做判断，但是能修复的尽量修复后再用；对于工业机，必须修复所有存在的错误，否则打印会失败。

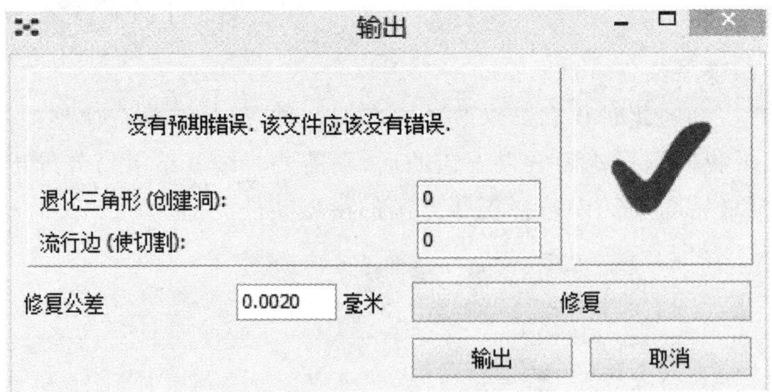

图 4-9　输出正确提示

思考与复习题

找两个存在错误的模型,将其修复后导出。

第 5 章 操作 3D 打印机

5

☆ **知识目标**:了解 3D 打印机的构成,学习 3D 打印机的操作及维护方法。

☆ **能力目标**:正确认识 3D 打印机的组成部分,能正确操作三角洲结构的打印机,做好 3D 打印机的日常维护保养工作。

☆ **重难点**:操作打印机以及打印过程中的实时调整。

一、3D 打印机的构成

图 5-1 和图 5-2 基本标示了 FDM 技术的两种不同结构 3D 打印机的构成部分,其他的打印机结构大同小异。

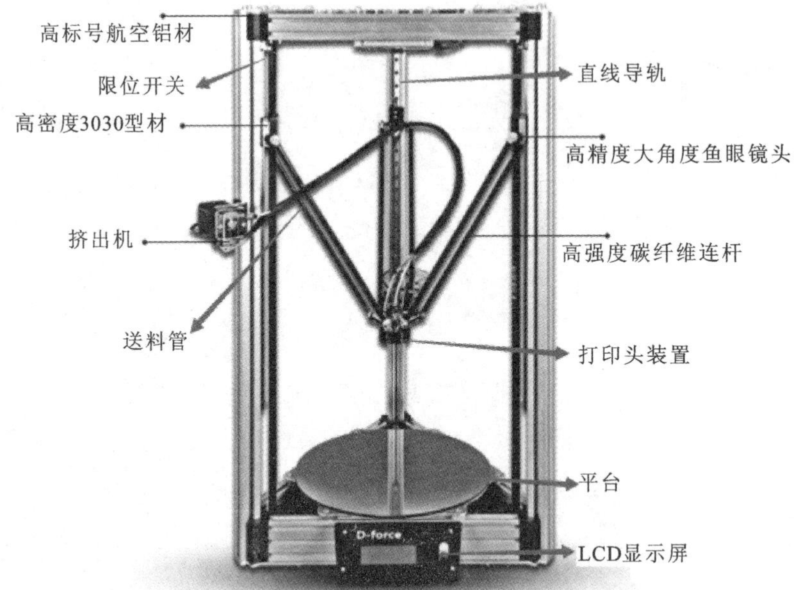

图 5-1　打印机构成 1

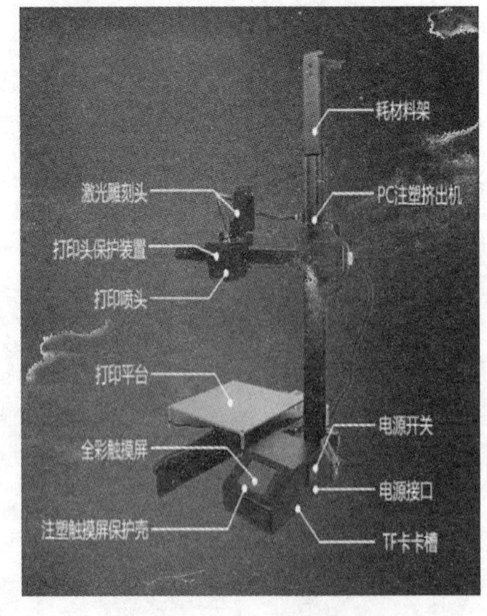

图 5-2　打印机构成 2

3D 打印机的核心控制部分是主板。主板一般安装在内部，比如平台下，应尽量被封装保护起来以防止损坏，但要保持良好的散热。而外围关键部分是打印头装置，如图 5-3 所示，不同结构、不同厂家的打印头装置稍有不同。

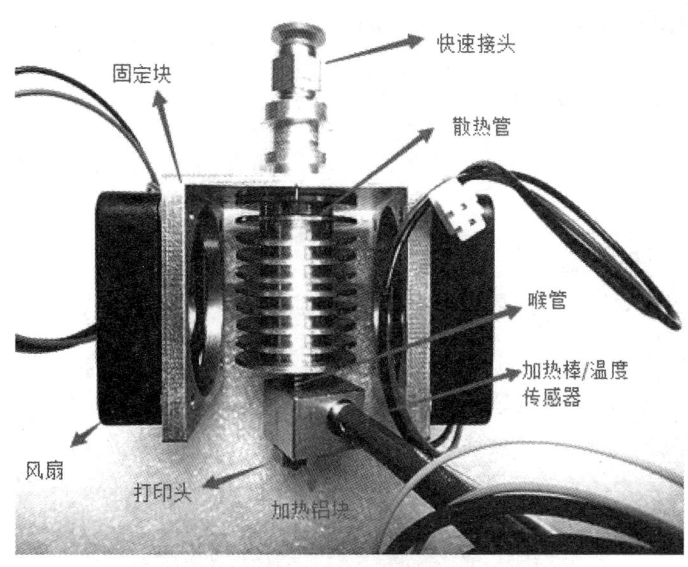

图 5-3 打印头装置

二、操作前的准备工作

做好操作前的准备工作可以起到保护打印机的作用，良好的操作习惯是成为高手的必备条件。

(1) 释放静电。

在干燥的季节，操作前洗洗手或者触摸一下墙壁等以释放静电，对操作电子设备来说是很有必要的。静电有可能导致显示屏显示乱码，甚至能击穿某些脆弱的电子元件等。

(2) 检查电路连接情况，保证正常供电，而且插头接触牢固。

(3) 检查平台。

检查平台时需要做好以下几项工作：①检查美纹纸是否平整和完整，或者有没有涂抹胶水且胶水涂抹得是否均匀；②清理表面杂质；③检查平台是否固定，*XYZ* 结构的平台还要目测一下平台是否水平。

(4) 检查皮带的松紧度。

几根皮带的松紧度一定要基本一致（至于松紧度，操作者需根据自己的经验来调整），不一致的话会导致打印错步或偏移。可以通过调整皮带一端的螺丝或者重新固定皮带来改变皮带的松紧度。三角洲结构的打印机还要查看一下其皮带轮位置有没有杂物，因为这种结构的打印机的电动机一般布置在底端，经常会出现废料缠住电动机或者皮带轮的情况。

(5) 检查螺丝是否牢固。

有些关键位置的螺丝，如果松动或者脱落，就会导致打印失败，甚至会损伤打印机，如三角洲结构的打印头装置和并联臂拉杆的固定螺丝松动或脱落会导致严重的后果。

(6) 检查耗材情况。

如果料头有结块、裂口等情况，则可将其截掉一段；长时间不用的料，应清除灰尘，以防止堵头；将料送到尽头，顺便检查挤出机松紧程度。

(7) 准备好 SD 卡或者联机打印，在打印机开始工作后可检查喷嘴状况、平台是否水平、风扇状态、加热情况等等。

三、打印机操作实例

以三角洲结构 Z300 打印机为例介绍打印机操作过程，打印前先准备好切片文件 yuantong. gcode。

1. 检查打印机状况

检查皮带松紧度，检查平台是否光滑，清理台面杂物，检查电源线连接情况等。

2. 开机

打开电源开关，此时散热风扇（帮助散热管散热）应开始工作，如果此风扇不转，则应马上停止打印，否则整个散热管将被堵死，很难清理。图 5-4 所示为风扇。

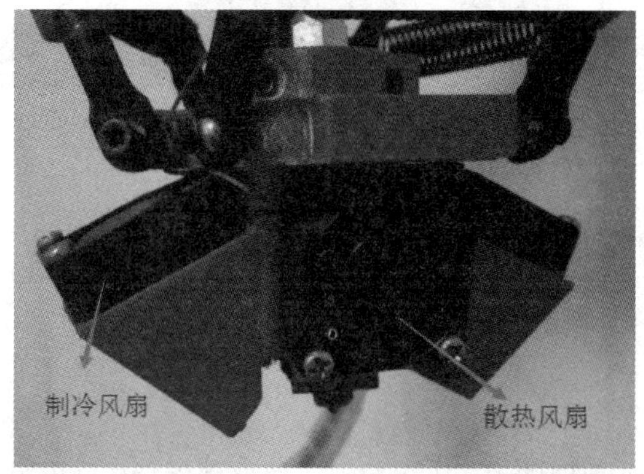

图 5-4 风扇

3. 预热

通过显示屏，使用按键选择“Prepare”→“Preheat PLA”（或 ABS），加热打印头和平台至预定温度。预热大约需要几分钟。显示屏操作界面如图 5-5 所示。

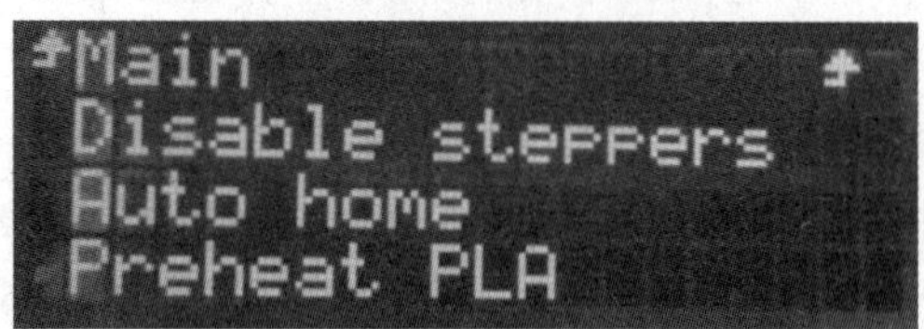

图 5-5 显示屏操作界面

4. 将 SD 卡正确插入 SD 卡插槽

将 SD 卡（见图 5-6）正确插入 SD 卡插槽（见图 5-7）后，如果显示屏提示“SD card inserted”，则说明操作无误；否则，应检查 SD 卡是否损坏，多数情况下是由卡接触不良引起的，将卡多拔插几次即可。

图 5-6　SD 卡　　图 5-7　SD 卡插槽

5. 打印头复位

使用按键选择“Prepare”→“Auto home”，使打印头复位，如图 5-8 所示，即让打印头回到 Z 轴 0 点位置。

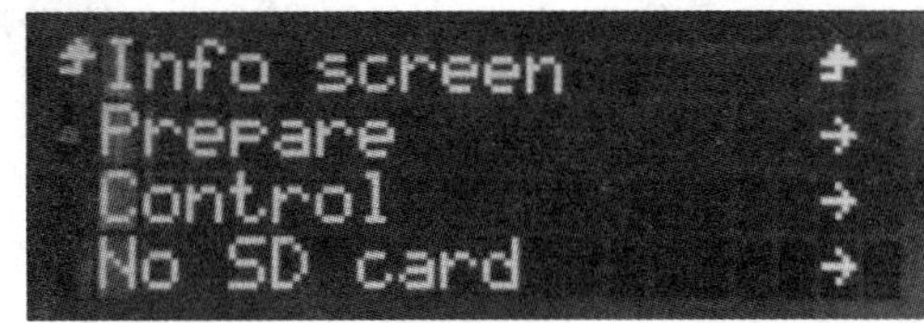

图 5-8　打印头复位

6. 送料

将丝材前端剪齐，捋直，卡紧进料弹簧，将料沿进料口缓缓送入料管，至打印头端。当温度达到 180℃左右时，开始有料挤出。如果有不一样的残料在里边，则应挤出至出现的完全为新料为止。此时观察打印头出料情况，判断是否存在堵头问题，观察出料是否均匀和流畅、材料有无气泡或杂质等。图 5-9 所示为打印机挤出机装置。

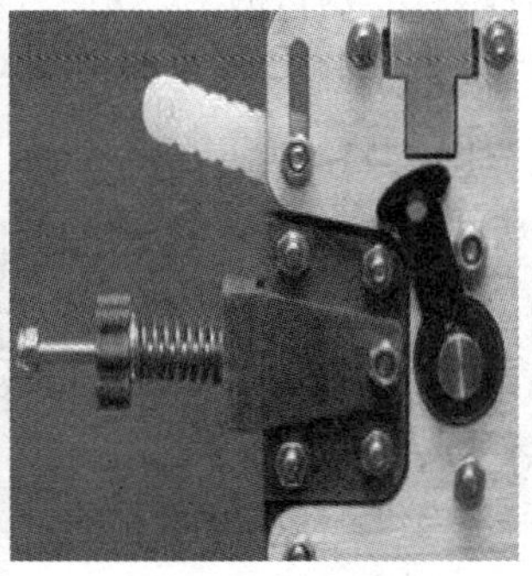

图 5-9　打印机挤出机装置

7. 打印文件

预热结束后，使用按键选择“Print from SD”（见图 5-10）→“yuantong. gcode”。待温度达到切片时的预设状态，会执行打点找平操作。观察打点状态（打点均匀，速度一致，力度适中),若打点不符合以上要求,则打印失败。

打点正常结束后,打印机开始工作。若“Start/End-GCode”标签下的代码中没加“G29”,没有打点找平动作,极容易出现问题。当然,也有些打印机调试好之后,不需要打点找平。

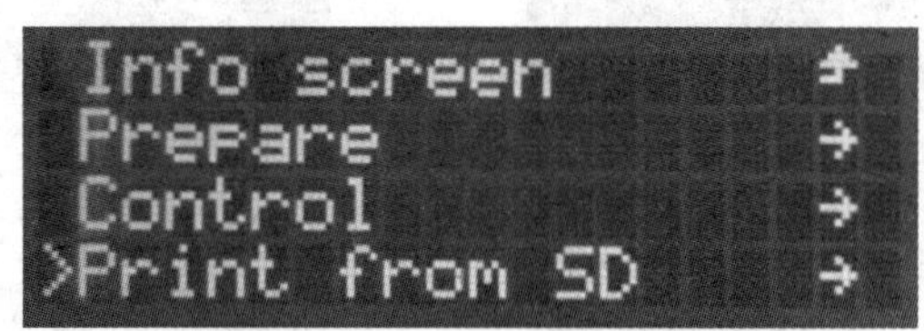

图 5-10　选择“Print from SD”

8. 打印机开始打印,操作者观察第一层的打印状况

打印开始后,第一层的打印状况非常关键,可以说打印成功率的一半是由它决定的。操作者观察:打印头有没有刮到平台或者是否离平台太远;出料是否流畅、均匀;有没有翘边现象;线条粗细和密度是否合适;有没有必要加底座或者外围线;有没有溢料或者出料不足现象;是否有其他机械故障之类的隐患。若有问题,则应及时处理,以降低失败率,避免浪费材料和时间。

多数技术能手都很重视此环节,可见观察第一层的打印状况是很重要的。

9. 打印过程中进行实时调整,使打印最优化

不严重的问题最好直接在打印过程中解决掉。

1) 调整速度

直接旋转按钮,在显示屏上会显示百分数。比如切片时设置打印速度为 50 mm/s,显示100%,意味着当前速度为 50 mm/s,调整到 120%则速度为 60 mm/s。调整时应该注意打印机的最高打印速度,设置的打印速度超出范围时会使打印机严重损伤。

2) 调整温度

这里所说的“温度”包括打印温度和平台温度。选择“Control”(见图 5-11)后,根据情况调整打印温度和平台温度(同样要注意打印温度和平台温度的取值范围)。一般调快打印速度后,应稍微提高打印温度,以保证出料及时。当出现平台加热故障,平台温度达不到设定的温度,机器不工作时,也可以通过调整温度来解决。

图 5-11　选择“Control”

3) 调整流量

当出丝量不正常时,选择“Tune”→“Flow”,调整流量,如图 5-12 所示。流量一般不要超出正常值的 10%。

图 5-12 调整流量

4) 调整挤出机

三易三维打印机的挤出机基本不用调整，当挤出材料不够紧实时，更换挤出机的弹簧（见图 5-13）就行了。其他类型的挤出机一般可以直接拧螺丝来调整松紧度。

图 5-13 挤出机的弹簧

5) 更换材料

当材料不足，或者想换颜色而需要更换材料时，通过按键选择“Pause print”（见图 5-14），暂停打印，（取出旧料）加入新料，再选择“Resume print”（见图 5-15）即可继续打印。

注：

选择“Change filament”换料时，系统会混乱，因而通常选择“Pause print”来换料。

暂停最好发生在打印支撑时，这样不至于因为打印头导致模型熔化而影响模型的外观。要把线材插入料盘侧孔（见图 5-16），防止线头交叉，造成打印过程中线材缠绕（见图 5-17）而使进料失败。

随着技术的发展，不更换材料也能实现多种颜色打印了。

另外一种换料方式是直接把要换的料接在前面的料之后。采用这种换料方式需要保证中间无缝连接，无缝连接是项技术活。

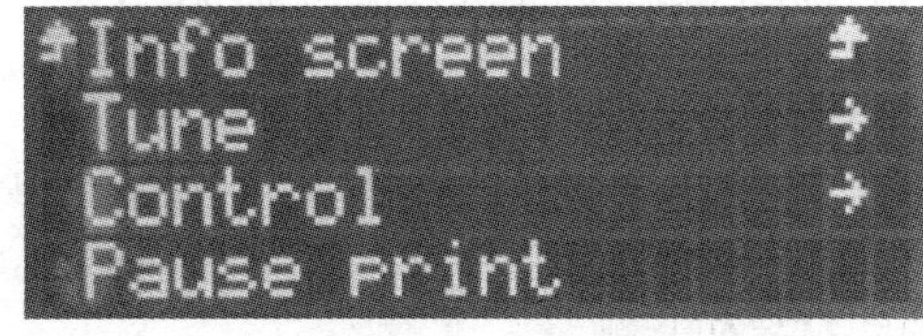

图 5-14 选择“Pause print”

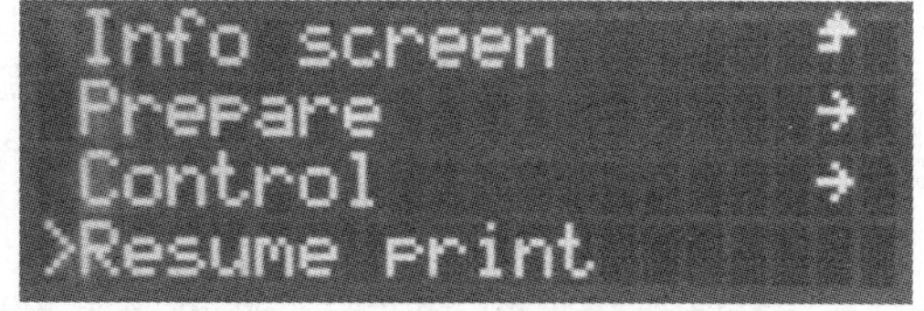

图 5-15 选择“Resume print”

图 5-16　把线材插入料盘侧孔

图 5-17　线材缠绕

6）停止打印

中途需结束打印，可通过按键选择“Stop print”（见图 5-18），再选择“Auto home”，清理平台，此时打印头处于高温状态，如果不想再打印其他东西，那么最好立即冷却打印头，即通过按键选择“Cooldown”（见图 5-19），防止长时间高温碳化喷嘴内的材料，造成打印头出料不流畅，甚至堵头。

图 5-18　选择“Stop print”

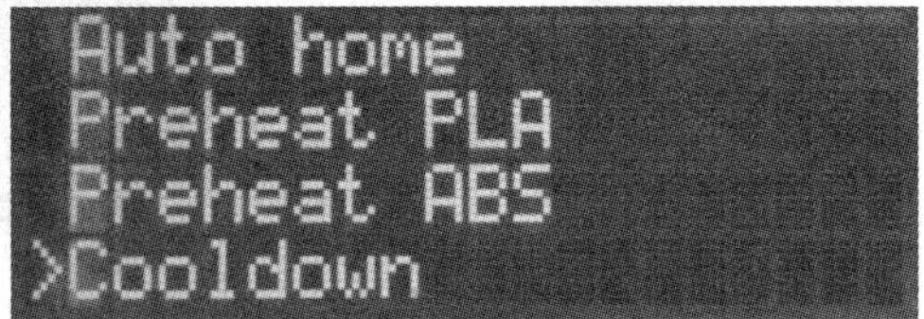

图 5-19　选择“Cooldown”

10. 打印结束

打印正常结束后，打印头会自动复位，打印头和主板温度会逐渐下降至常温。使用平铲取下模型，将平台清理干净（不要铲除胶水），关闭电源。如果在长时间内不再使用打印机，则应取出线材并将线材整理、封装好。

四、3D 打印机的日常维护

虽然桌面级 3D 打印机很容易出现故障，这会给使用带来很大的麻烦，但是只要操作者保持良好的操作习惯，及时对桌面级 3D 打印机进行维护保养，就可以大大降低桌面级 3D 打印机故障的发生率和故障的严重程度。

（1）环境：温度控制在 20 摄氏度左右，有必要的话增设空调来调节温度；湿度适中，根据情况使用加湿器或除湿器来调节湿度；减少灰尘，可使用吸尘器清理地面；加装窗帘，以避免日光照射；有条件的可配备 UPS（不间断电源）和防静电地板，远离电磁辐射源；如果使用 ABS（丙烯腈-丁二烯-苯乙烯共聚物）材料，则需要增设通风设备。

（2）根据使用打印机的频率，定期对丝杠和光轴（或者导轨）除垢、涂抹润滑油，及时清理平台和电动机周围的杂质。

（3）保管好耗材，加适量干燥剂密封，没用完的线材要防止缠绕。

（4）经常检查螺丝是否紧固，检查皮带松紧程度，检查打印机零部件是否完好。

(5) 不可让喷头长时间处于高温状态，定期检查、清理喷嘴。

(6) 严格按照规范操作，控制好打印速度和温度，打印速度或温度过高会导致打印机损坏。

(7) 在长时间内不使用打印机时，需要用密封袋将其保护好。

(8) 移动打印机时，勿让打印机受到磕碰，切忌剧烈震动。

(9) 尽量不要使用混合耗材，尽量不要使用含铜、木质等流动性差的耗材，这类耗材容易导致打印头堵塞，必须用这类耗材时应更换大口径打印头。

(10) 插拔料管时不可转动料管，应按压住快速接头，松开咬合部位后拔出料管。

(11) 不要轻易更改调平螺丝状态。

(12) 外围装配件若有损坏，则应及时更换。

(13) 经常清理挤出机进料齿轮上的残料，以防止齿轮打滑。

思考与复习题

1. 简述打印前应做的准备工作。
2. 简述打印操作的一般流程。

第 6 章
切片和打印

☆ **知识目标**：学习 Cura 切片软件的使用方法，练习打印操作。

☆ **能力目标**：能正确对模型进行切片和正确操作打印机。

☆ **重难点**：设置软件参数，打印过程中实时调整参数。

一、常见切片软件

数字模型在打印之前需要进行切片处理。不同厂家的打印机往往使用不同的切片软件，常见的切片软件有 Cura、Slic3r、KISSlicer 等，切片软件的功能大同小异，Cura 是比较简单、易用的一款切片软件，并且是开源的。

二、Cura 切片软件的安装

下载 Cura15. 02. 1 中文版。

安装此软件时计算机的防护软件可能会给出警示提示，操作者无须理会，可继续安装。

(1) 双击 Cura15. 02. 1 install. exe，按照提示安装软件，如图 6-1 至图 6-6 所示。

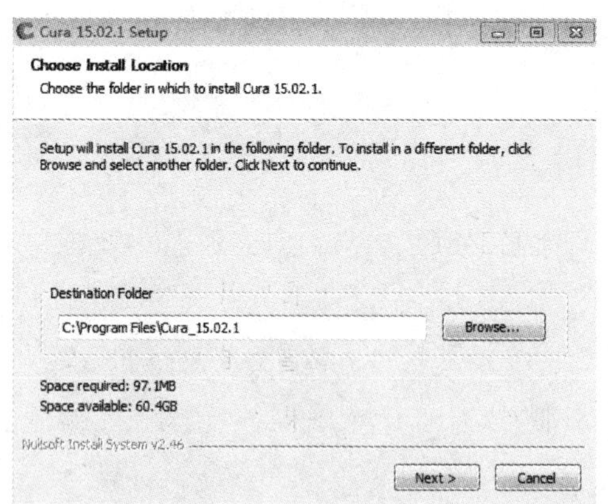

图 6-1　安装向导(一)

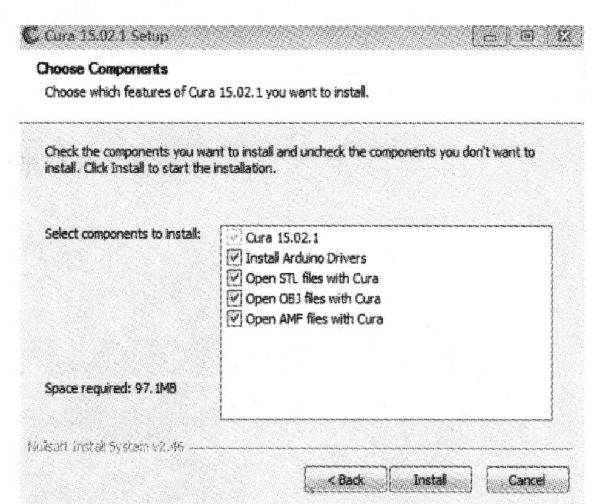

图 6-2　安装向导(二)

图 6-3　安装向导(三)

图 6-4　安装向导(四)

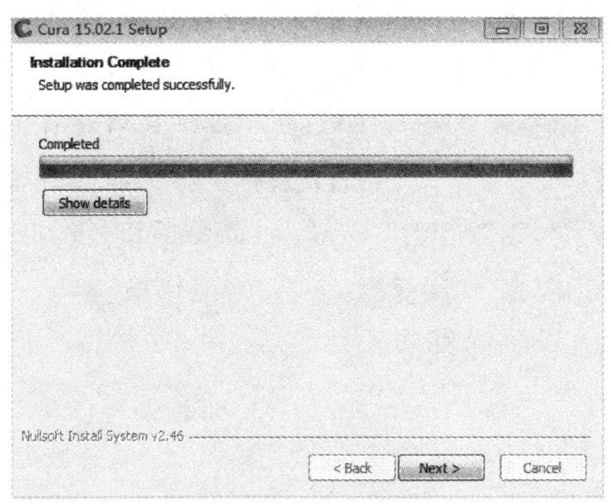

图 6-5 安装向导(五)

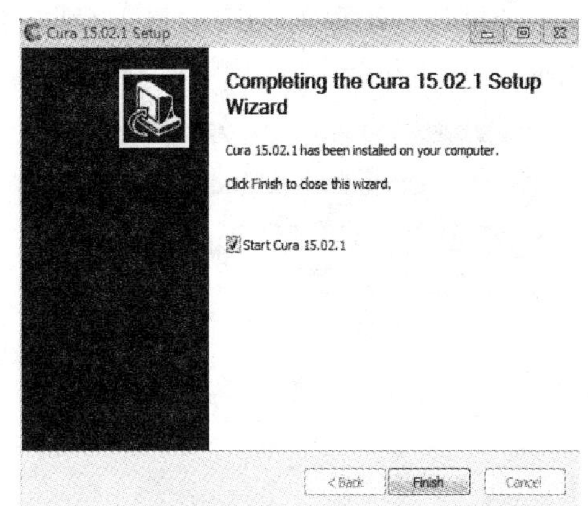

图 6-6 安装向导(六)

用户如果希望使用中文版软件,则还要安装汉化包。具体操作步骤如下:

① 将图 6-7 所示文件夹内所有文件复制到 Cura 安装目录下,用这些文件覆盖原始文件。

② 打开 Cura,在“File”→“Preferences”→“Language”菜单中选择“Chinese”,并单击“Ok”来保存配置。

③ 重启 Cura,即可看到中文界面。

图 6-7 Cura 中文配置文件

(2) 软件安装好后第一次运行时会出现安装向导。安装向导会提供许多选项供用户选择,用户一定要按照打印机的情况来选择,否则 Cura 会因为这些参数与打印机的参数不一致,在打印的过程中出现问题。通常添加机型的步骤如图 6-8 和图 6-9 所示。

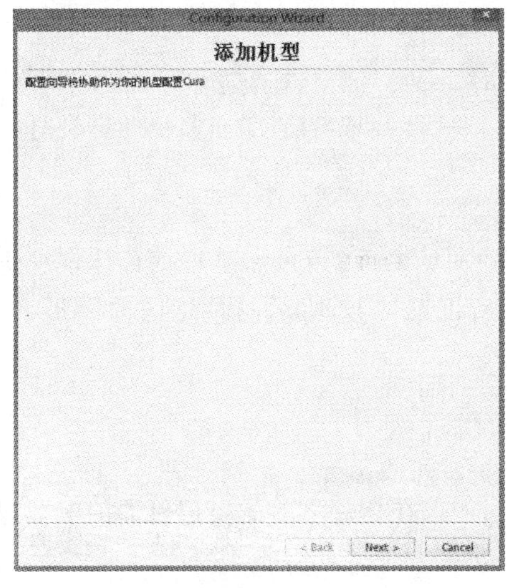

图 6-8 添加机型(一)

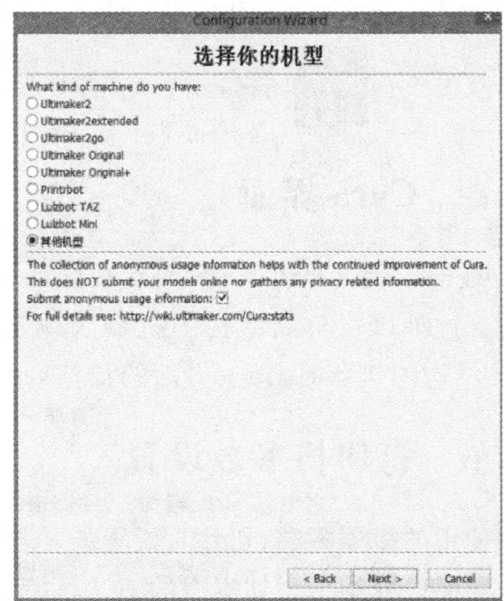

图 6-9 添加机型(二)

如果列表里没有相应的机型，则选择“其他机型”，具体添加过程如图6-10和图6-11所示。

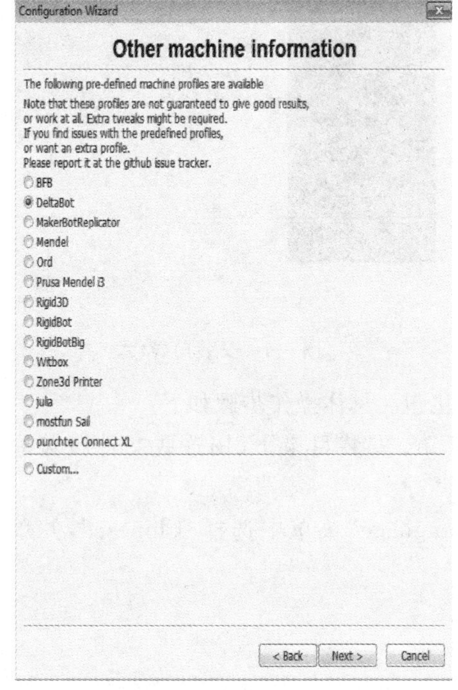

图 6-10　添加机型(三)

图 6-11　添加机型(四)

此处以三角洲结构的机器为例进行介绍，因此选择的是“DeltaBot”。如果是 *XYZ* 结构的机器，那么一般选择“Mendel”或者“Prusa Mendel i3”。机器一般附有说明书，按照说明书设置参数一般是不会错的。

三、运行

双击桌面图标，或者在“开始”菜单中选择Cura15.02.1，运行软件。

四、Cura界面

图6-12所示的Cura界面参数区的参数是软件初始参数，用户需要根据具体情况进行设置。此处以三角洲结构的机器为例进行介绍，所以图6-12所示的预览区为圆形，采用 *XYZ* 结构的机器时Cura界面的预览区是方形的。

五、打印机参数设置

使用的机器不同，切片时设置的参数也会不同，所以在切片之前需要把机器的参数设置好。前面已介绍了添加机型的方法，这里介绍机型设置方法。

单击“机型”面板中的“机型设置”选项，出现如图6-13所示的窗口。

各项参数设置说明如下：

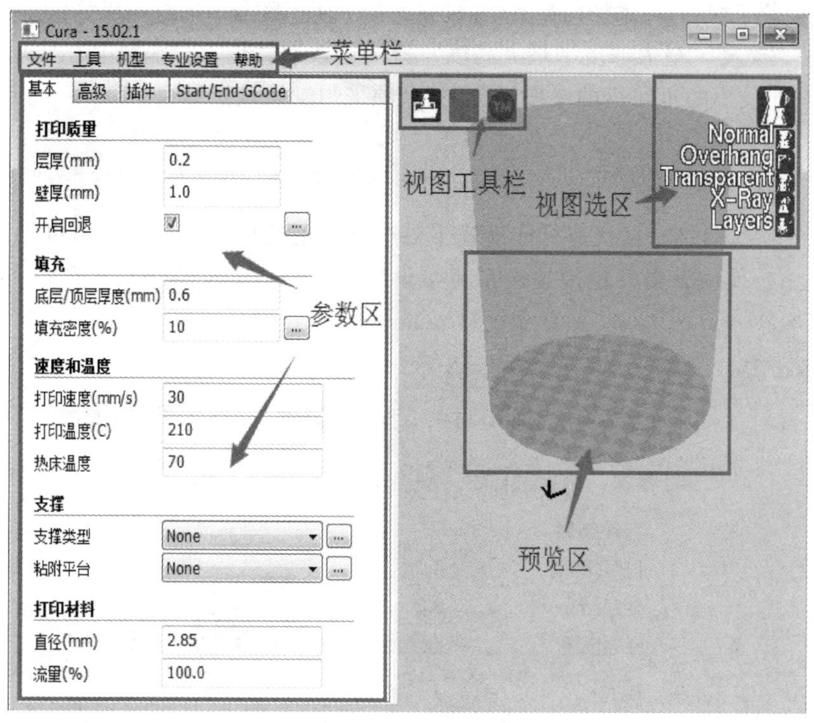

图 6-12 Cura 界面

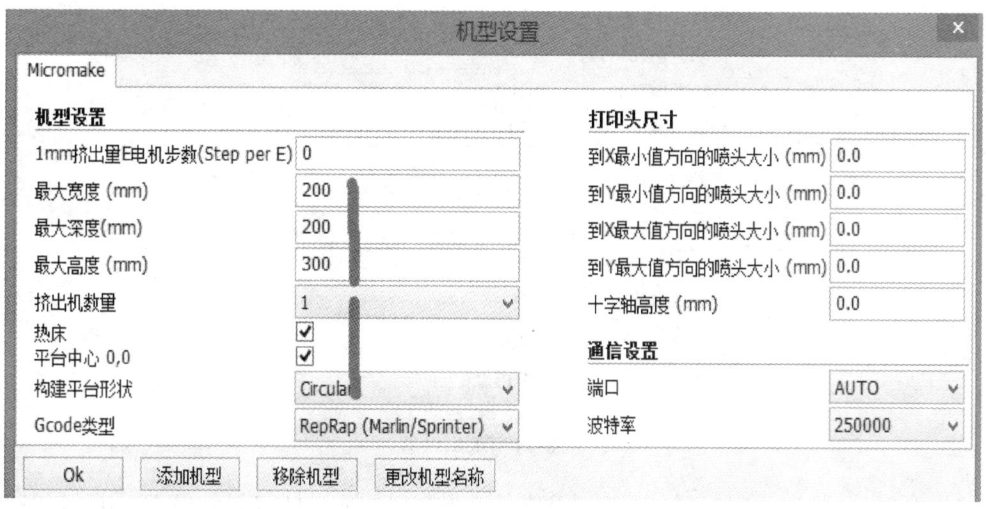

图 6-13 “机型设置”窗口

(1)“最大宽度”“最大深度”和“最大高度”可按照打印机的成型空间尺寸来设置，参数可稍小但不可以超出最大范围。使用品牌机时这几个参数可按照厂家给的参数设置。

(2)“挤出机数量”指的是喷头数量，打印机有几个喷头便设置为相应的数目。

(3)勾选“热床”项表示平台有加热装置，否则表示平台没有加热装置。

(4)使用三角洲结构的机器时需要勾选“平台中心 0,0”项，使用 *XYZ* 结构的机器时不能勾选“平台中心 0,0”项。

（5）为了便于操作，可添加机型、移除机型。为了便于区分不同打印机，可更改机型名称。

（6）“最大宽度”“最大深度”“最大高度”“挤出机数量”“热床”“平台中心 0，0”“构建平台形状”项应按照使用的打印机的参数设置，其余项采用默认设置即可。

六、Cura 参数详解

Cura 支持快速打印，在快速打印模式下可选择使用耗材、打印质量等，可供选择的选项较少。建议用户使用完整设置模式。在完整设置模式下，Cura 的切片参数设置包括基本、高级、插件、Start/End-GCode 及专业设置五部分。

1. 基本设置

基本设置包括打印质量、填充、打印材料、速度和温度、支撑等设置，如图 6-14 所示。

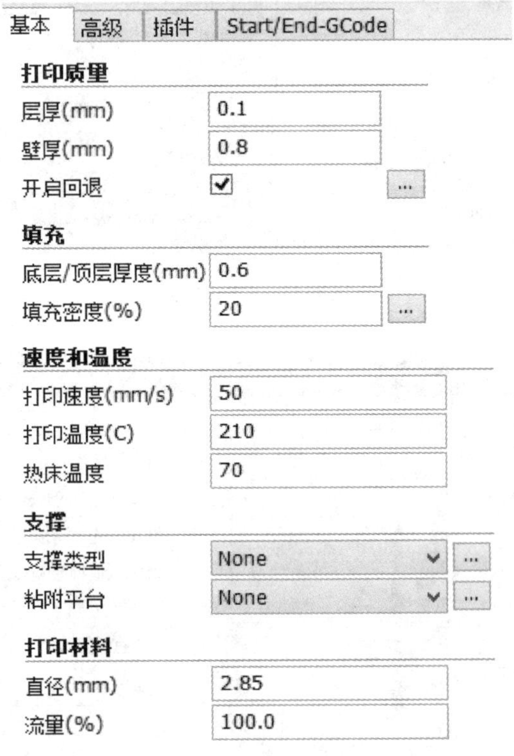

图 6-14　基本设置

“层厚”指的是切片每一层的厚度，设置的参数越小，模型打印得越精细，同时层数也会增多，从而打印时间也会增加。一般来说，层厚参数设置为 0.1 mm 时模型打印得比较精细，在常规打印要求下层厚参数常设置为 0.2 mm，打印要求不太精细的模型时层厚参数可设置为 0.3 mm。当然，打印模型的精细程度也与打印机的性能和喷嘴直径有关。

“壁厚”指的是模型表面厚度，设置的参数越大，模型打印得越结实，但会相应增加模型打印时间。壁厚参数如果小于喷嘴直径参数，则会被忽略掉。一般当喷嘴直径为 0.4 mm 时，壁厚参数可设置为 0.8 mm，用户若希望模型打印得结实一些，则可将壁厚参数设置为 1.2 mm。具体壁厚参数应根据模型打印精度要求和喷嘴直径来设置，壁厚参数一般为喷嘴直径参数的整数倍。

"底层/顶层厚度"是指模型底下几层和上面几层(这些层采用实心打印,因此也称为实心层)的厚度。通过设置"底层/顶层厚度"参数可打印出封闭的模型。一般来说,"底层/顶层厚度"参数设置为 0.6～1 mm 就可以了,当封闭效果不好时可增大"底层/顶层厚度"参数,同时可修改"打印速度"参数和"填充密度"参数。

"填充密度"参数影响 Cura 在每一层生成的一些网格状的内部填充的疏密程度。"填充密度"参数为 0 时表示空心,"填充密度"参数为 100%时表示实心,一般设置为 15%左右。

"打印速度"指的是出料速度,这只是参考速度,真正的打印速度还要参考其他参数设置。对打印相同模型来说,打印速度越快,打印时间越短,但打印质量会降低。对于一般的打印机,"打印速度"参数设置为 40～50 mm/s 是比较合适的。在后面的高级设置部分将更加详细地介绍速度的设置方法及注意事项。

"打印温度"是指打印时喷头的温度。"打印温度"参数需要根据使用的材料来设置,一般使用 PLA(聚乳酸)时"打印温度"参数可设置为 210℃左右,使用 ABS 时"打印温度"参数可设置为 240℃左右。打印温度过高会导致挤出的丝有气泡,而且会出现拉丝现象;打印温度过低会导致加热不充分,从而可能会导致喷头堵塞。同一类型不同厂家的材料,需采用的打印温度会有差别,用户应尽量按照材料商标定的参数来设置"打印温度"参数。

"热床温度"是指加平台的温度(当设备有加平台时)。一般使用 PLA 时"热床温度"可设置为 40℃,使用 ABS 时"热床温度"可设置为 70℃。在温度比较低的环境中,最好使用热床,而且热床温度可以稍微高一点,以减少翘边的可能性。

"支撑类型"包括"None""Touching build plateform""Everywhere"等。模型某些部分悬垂达到一定角度后,需要增加支撑,否则容易造成材料脱落。是否需要添加支撑由用户参照 45°法则来决定,有时候软件计算出来需要添加支撑,但可能难以剥离,那么可以不加支撑结构,即选择"None"。当用户认为需要添加支撑的时候,有两种类型可以选择,即"Touching build plateform"(接触平台支撑)和"Everywhere"(全部支撑)。接触平台支撑不是从模型自身上去添加支撑结构,而是从平台上添加支撑结构;全部支撑则对任何地方都添加支撑。单击选项后面的 ... 按钮可以进行专业设置,设置内容包括支撑类型、临界角度、支撑数量及 x、y、z 轴距离。

"粘附平台"类型指的是模型和平台之间的粘合类型,有三种:一是直接粘合(当选择"None"时),就是不打印过多辅助结构,并直接在平台上打印模型,这对于底部面积比较大的模型来说是个不错的选择;二是使用外围线(当选择"Brim"时),相当于在模型第一层周围围上几圈篱笆,防止模型底面翘起来;三是使用底座(当选择"Raft"时),即在模型下面先铺几层材料,然后以此为平台再打印模型,这对于底部面积较小或底部较复杂的模型来说是比较好的选择。单击选项后面的 ... 按钮可以进行专业设置,设置内容包括线数、开始距离和最小长度。

打印材料"直径"指的是所使用的丝状耗材的直径,一般来说有 1.75 mm 和 3.00 mm 两种。而规格为 3.00 mm 的耗材的直径一般都达不到 3.00 mm,实际直径一般为 2.85～3.00 mm。还有些非通用型耗材直径不一,使用时要注意。

"流量"参数是用来微调出丝量的。如果"流量"参数大于 100%,那么实际挤出的耗材长度会比 GCode 文件中的长,反之会比 GCode 文件中的短。

2. 高级设置

在 Cura 的高级设置中主要可设置速度、回抽及冷却这三方面影响打印物体表面效果的重要参数。

喷头孔径:喷嘴的直径。设置的喷头孔径参数应与实际使用的打印头的情况相符,比如用户使用的是 0.5 mm 的打印头,那么参数就应设为 0.5 mm。建议教学用 0.5 mm 或 0.6 mm 的打印头,这样可以大大减少打印头堵头的可能性,提高打印速度。

回抽:通过设置该参数可消除打印过程中的拉丝现象。回抽不足,会导致打印模型表面出现严重的拉丝现象;回抽过多,会导致模型表面出现瑕疵。如果在打印头离开之前将耗材往回抽取一部分,那么可以有效防止打印头中留存过多的熔融耗材,从而可减少甚至消除拉丝现象。一般来说,回抽速度应高一些,长度不能太长,使用 0.4 mm 喷头时,回抽速度可为 60 mm/s,长度为 4.5 mm(可根据打印机说明书设定)。

底层切除:有时候模型底部不够平整,或者用户希望从某一高度而不是底部开始打印,那么就可以使用底层切除功能将模型底部切除一部分,这并非真的将模型切掉了一部分,只是从该高度开始切片而已。

初始厚度:模型的第一层的厚度。为了使模型粘结得更加牢固,第一层应稍厚一些,一般设置为 0.3 mm。需要注意,模型的初始层和底部并不是一回事,底部包含初始层,可以有多层,而初始层只是指第一层。

初始层线宽:该参数用于改变第一层线条的宽度,通常保持默认设置即可。

两次挤出重叠:同一层相邻两行的重叠。两次挤出重叠可以使材料很好的粘结在一起,如果两次挤出没有重叠则会产生剥离现象。一般采用默认设置(15%)即可。

移动速度:空驶速度,Cura 允许用户对不同的路径设置不同的移动速度。移动速度可以设置得比较高,一般可设置为 150 mm/s。

初始层速度:为使第一层和平台粘结得更好,此参数最好设置得比较低,一般设为正常打印速度的 1/3 左右。

填充速度:打印内部填充的速度。如果模型内部填充没有特殊要求的话,那么填充速度可以比打印速度适当高一些。

外壁速度:使用正常的打印速度即可,实际上也就是打印速度。

内壁速度:打印内侧轮廓的速度。设置的内壁速度可以比打印速度稍高。当内壁速度设置为 0 时,表示内壁速度和打印速度相同。

每层最小打印时间:打印每一层的最短时间。该时间用于保证每一层有足够的时间冷却以避免模型细小部位变形。如果某一层路径长度过短,那么 Cura 会降低打印速度。该时间需要根据经验来设置,一般设为 5 s。

开启冷却风扇:允许用户在打印的过程中使用风扇冷却。具体冷却风扇的速度可以在“专业设置”中进行设置。

3. 插件设置

Cura 软件集成了两个插件[“Pause at height”(在指定高度停止)和“Tweak at Z 4.0.1”(在指定高度调整)]可以修改 GCode。插件设置如图 6-15 所示,选中一个插件,然后单击“使用插件”按钮,就可以在下面设置参数并使用该插件。

1) 在指定高度停止

使用这个插件可在某个高度停止打印,并且让喷头移动到指定的位置,并且回抽一些耗材。“Pause height”就是停止高度,“Head park X”“Head park Y”分别是喷头停止位置的 X

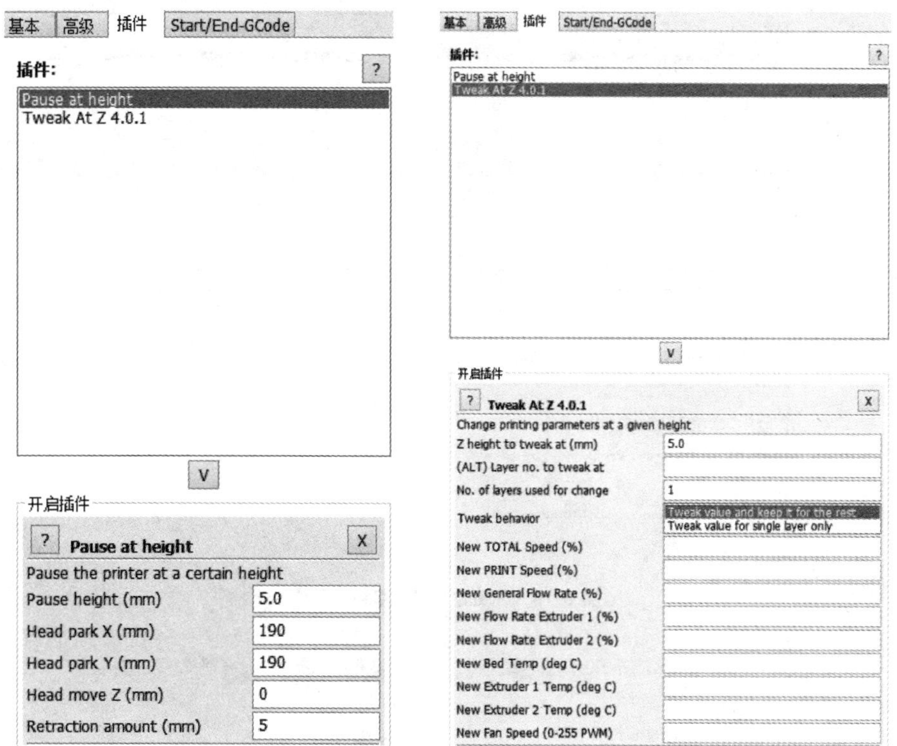

图 6-15 插件设置

坐标和 Y 坐标,“Retraction amount”是回抽量。

2) 在指定高度调整

使用这个插件可在某个高度调整一些打印参数,如速度、流量倍率、温度及风扇速度等。

4. Start/End-GCode 设置

Start/End-GCode 设置如图 6-16 所示。Cura 生成 GCode 代码时会在开头和结尾加上一段固定的 GCode,即开始 GCode(Start GCode)和结束 GCode(End GCode)。如果对 G-M 代码(可以参见“G-M 代码详解”)比较熟悉的话,就可以很容易地读懂这些 GCode 并且可以对其进行修改。三角洲结构的打印机需要在 Start 代码中加上“G29”,这样在打印前会自动打点找平,如果缺少该代码,则打印机会跳过打点找平操作,极有可能导致打印不在平面上。

5. 专业设置

Cura 在专业设置中还有一部分更高级的设置。用户可以通过菜单调出专业设置。如图 6-17 所示,专业设置包括回退、裙边、冷却、填充、支撑、黑魔法、Brim、Raft 和缺陷修复。

1) 回退

“最小移动距离”是指需要回退的最小空驶距离,当空驶距离大于该参数时,会产生回退。“启用梳理”功能可让打印机在空驶前梳理一下,防止模型表面出现小洞,一般来说应选择“All”项。设置“回退前最小挤出量”可防止回退前挤出距离过短而导致一段丝在挤出机中反复摩擦而变细,即如果空驶前的挤出距离小于该参数,那么便不会产生回退。设置“回退时 Z 轴抬起”可使打印头在回退前抬起一段距离,这样可以防止打印头在空驶过程中碰到模型,该参数一般设置为 0。

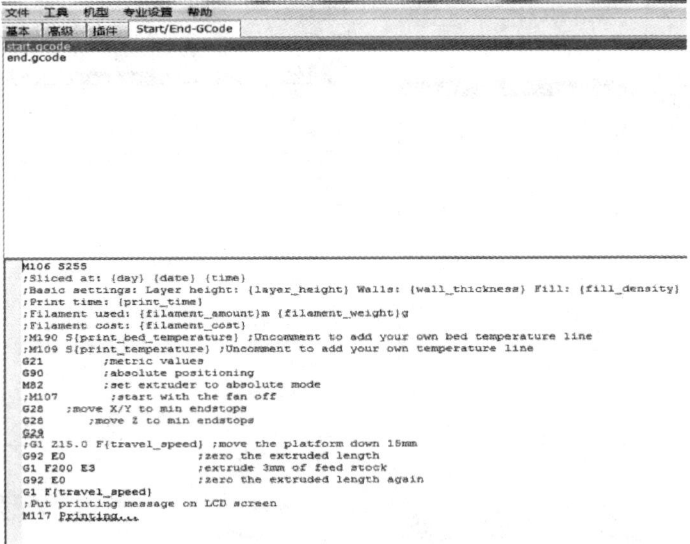

图 6-16　Start/End-GCode 设置

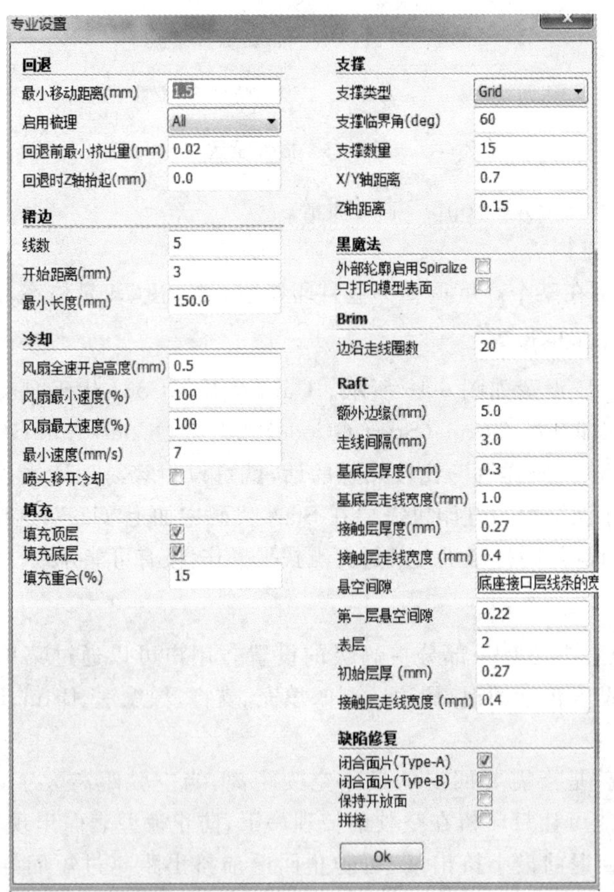

图 6-17　专业设置

2）裙边

裙边是指在模型底层周围打印的一些轮廓线，可防止打印开始阶段打印头内腔缺料，当使用了 Brim 或 Raft 时，裙边无效。“线数”是指裙边线的圈数。“开始距离”是指最内圈裙边线和模型底层轮廓的距离。“最小长度”用于限定裙边线的最短长度，当裙边线的长度超出限定范围时 Cura 会自动添加裙边线圈数。

3）冷却

冷却参数用于控制冷却风扇（不是散热风扇）。设置“风扇全速开启高度”可使冷却风扇在某个指定高度全速打开。通过设置“风扇最小速度”和“风扇最大速度”可调整风扇速度以实现冷却。如果打印某一层时没有降低速度，那么为了实现冷却，风扇就会以这个最小速度工作以实现冷却；如果打印某一层时速度降低 200％以实现冷却，那么风扇也会以最大速度工作以辅助冷却。

“最小速度”是指打印机喷头为了冷却而降低速度可以达到的速度下限，即打印速度无论如何不能低于这个速度，如果没有勾选“喷头移开冷却”，那么即使该层打印时间大于层最小打印时间也无所谓。如果勾选了“喷头移开冷却”，那么打印机喷头会移动到旁边等待一会，直到消耗掉层最小打印时间，然后回来打印。

4）填充

设置填充项可以对顶层和底层进行特殊处理。有时候用户不希望顶层或底层实心填充，就可以不勾选“填充顶层”或不勾选“填充底层”。“填充重合”是指内部填充和外壁的重叠程度，这个参数如果太小就会导致外壁和内部填充结合不太紧密。

5）支撑

“支撑类型”就是指支撑结构的形状，有“Grid”（格子状）和“Line”（线状）两种类型。格子状表示支撑结构内部使用格子路径填充，这种结构比较结实，但难以剥离；线状表示支撑结构内部使用平行直线填充，这种结构虽然强度不高，但易于剥离，实用性较强。“支撑类型”一般都选择线状。“支撑数量”是指支撑结构的填充密度，Cura 的支撑是一片一片分布的，每一片的填充密度就是指该支撑数量，显然，“支撑数量”参数越大，支撑越结实，同时也更加难剥离。

“X/Y 轴距离”“Z 轴距离”分别是指支撑材料在水平方向和竖直方向上的距离，是为防止支撑和模型粘在一起而设置的。竖直方向的距离太小，会使模型和支撑粘得太紧，难以剥离；竖直方向的距离太大，会造成支撑效果不好。一般来说一层的厚度比较适中。

6）黑魔法

软件提供两种特殊的打印形式，即外部轮廓启用 Sprialize（见图 6-18）和只打印模型表面（见图 6-19）。

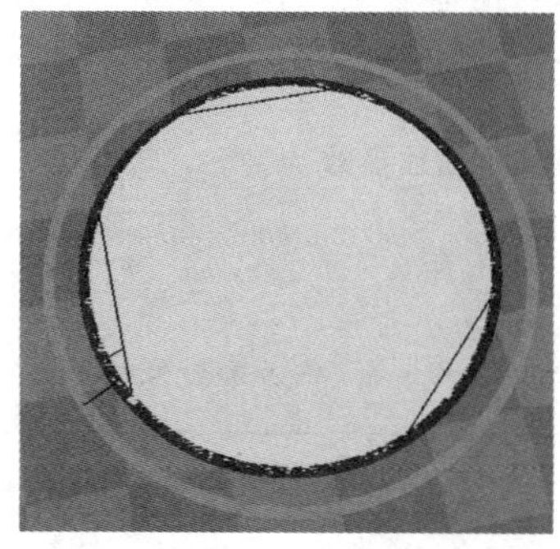

图 6-18　外部轮廓启用 Sprialize

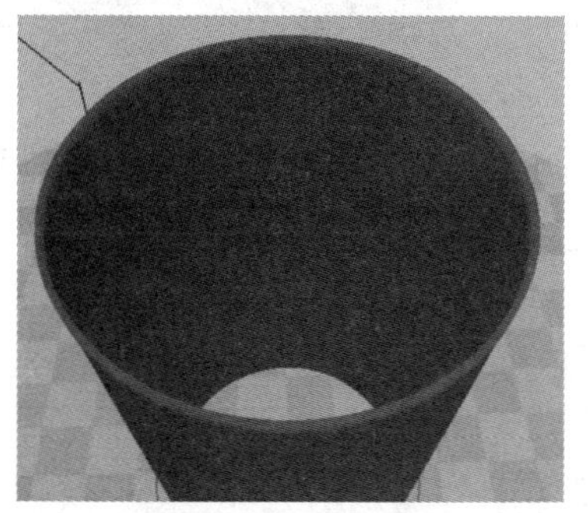

图 6-19　只打印模型表面

7）Raft

Raft（底座）包含了关于底垫的详细设置。“额外边缘”是控制底垫的大小的参数，底垫的形状和模型底层的形状类似，只是比底层大。“走线间隔”是指打印底座时，线条之间的距离，这可以控制底座的疏密程度。底座底下两层是基底层和接触层，这两层的走线宽度和层厚都可以分别设置，“基底层走线宽度”参数一般比较大，“基底层厚度”参数也稍大一些，以保证底座和平台有良好的粘结性。“接触层走线宽度”参数一般小一些，“接触层厚度”参数和“初始层厚”参数相同即可。

新版本的 Cura 添加了“悬空间隙”和“表层”两个参数，第一个参数控制底垫上面和模型底面的间隙，在这个间隙中不打印任何填充物，因此也叫“空气沟”，这个空气沟的存在有利于模型和底垫的分离。“表层”是指存在于空气沟和接触层之间的实心层，这些层都采取实心填充。

七、切片案例

基本操作：利用鼠标右键可实现旋转操作，利用鼠标左键可实现移动操作，利用鼠标中键可实现缩放操作。

基本步骤：导入模型—观察模型—设置参数—预览。

案例 6-1：

打印胡巴，主要练习移动、旋转、缩放、预览、保存等操作。

（1）单击 Load，打开模型文件——胡巴. obj，如图 6-20 所示。选中文件后按 Delete 键可删除文件。

（2）灰色表示文件尺寸超出了打印范围，可以按比例进行缩放，也可以取消锁定，指定具体的尺寸，总之要调到打印机能识别的合适的大小。

图 6-20　打开的模型文件及文件缩放参数

注：

调整工具在导入模型后才会出现，利用调整工具可对模型进行旋转、缩放和镜像操作。

（3）调整模型摆放角度，如图 6-21 所示。

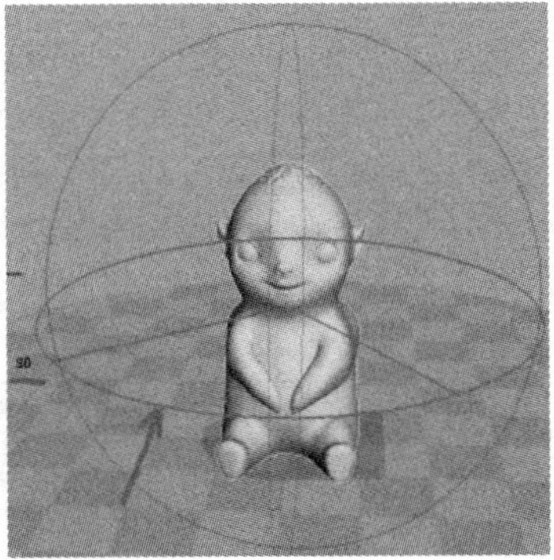

图 6-21 调整模型摆放角度

注：

- 调整模型摆放角度虽然简单，但关系重大。旋转视图到合适的角度，保证 X 轴、Y 轴、Z 轴清晰，再调整相应的轴向。
- 尽量让最大的平面跟平台接触，既可以保证面的光滑也可以增大接触面以防止粘结不牢固。
- 正面和细节部分尽量避开支撑。
- 在保证打印质量的前提下，尽量节省材料和打印时间。

(4) 观察分析：模型比较简单，细节少，精度不用太高；底面是平的，可与平台良好接触；悬空部分几乎没有，不用加支撑。

(5) 设置打印参数，如图 6-22 所示。

速度和温度

打印速度(mm/s)	70
打印温度(C)	210
热床温度	40

支撑

支撑类型	None
粘附平台	None

打印材料

直径(mm)	1.75
流量(%)	100.0

图 6-22 设置打印参数

注：

- 打印速度一般按说明书设置，有时要考虑模型复杂程度、细节多少、喷头温度，可在打印过程中实时调整打印速度。
- 取料盘标定温度的中间值，可根据耗材测试的情况设置，在打印过程中根据打印速度和环境温度酌情调整。
- 如果打印机没有热床，则热床温度选项不会出现。

在视图工具栏位置查看打印信息，

表示当前模型需要打印 20 min，共计用耗材 1.25 m，质量为 4 g(加工时可作为收费参考)。

(6) 通过切片预览观察模拟打印过程，可用鼠标拖动滑块或者按 Shift+"↑"键来逐层查看。打印预览界面如图 6-23 所示。

注：

预览操作很重要，每次切片导出前都要查看一下，看看第一层与平台接触的面是否符合要求，支撑是不是全面，切片后的模型是不是与原模型保持一致。

预览后，注意返回 Normal 状态，否则会产生导入模型后看不到模型的现象。

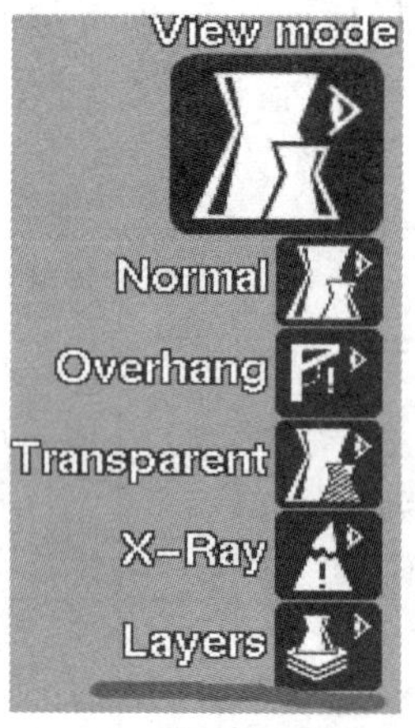

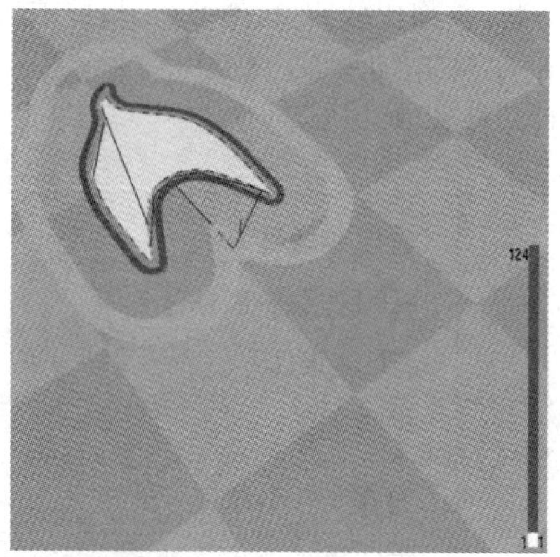

图 6-23　打印预览界面

(7) 保存文件。如图 6-24 所示，执行"文件"→"保存 GCode"命令来保存文件，应注意保存位置(SD 卡)和文件名(非中文，有些机器不能识别中文，第一个符号也不能是下划线)。

(8) 打印。

将存有文件的 SD 卡插入打印机 SD 卡插槽，执行"文件"→"打印"命令。

注：

打印第一层时要特别注意，观察出料和粘结情况，降低打印速度以保证粘结牢固，如有问题则应马上停止打印，纠正问题后再继续打印。

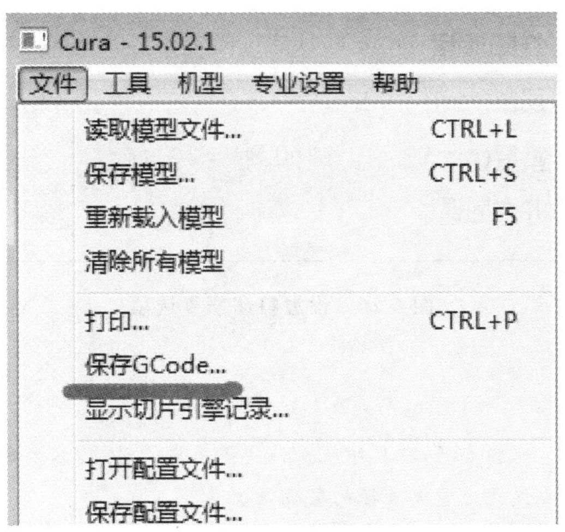

图 6-24 保存文件

案例 6-2：

打印蓝色小精灵。在此案例中除了继续练习案例 6-1 中的操作外，增加了层厚、壳厚、填充、支撑、底座、预览等选项设置的练习。

(1) 打开模型文件——蓝色小精灵. stl。

(2) 观察分析：模型虽然不复杂，但是悬空部分多，需要加支撑；足部与平面接触面不大，会导致粘结不牢固，需要加底座；如果模型打印得比较小的话，蓝色小精灵的胳膊和腿会比较细，需要增大壁厚参数。

(3) 调整模型大小、方向、摆放位置，如图 6-25 所示。

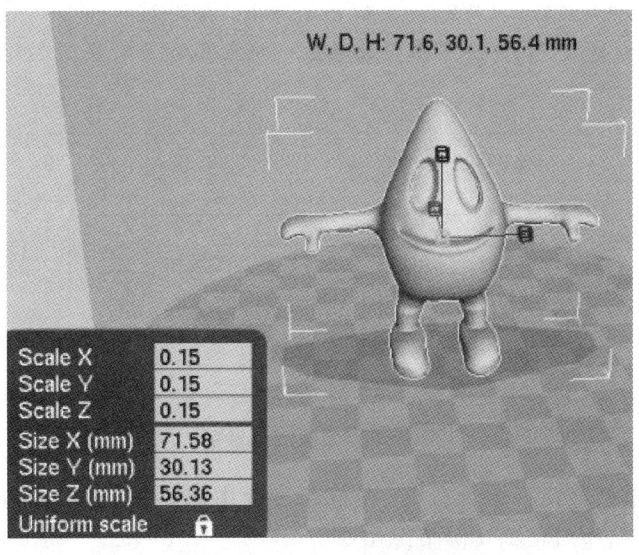

图 6-25 调整模型大小、方向、摆放位置

(4) 如图 6-26 所示，设置打印质量选项。设置层厚为 0.2 mm，壁厚为 0.8 mm，开启回退。

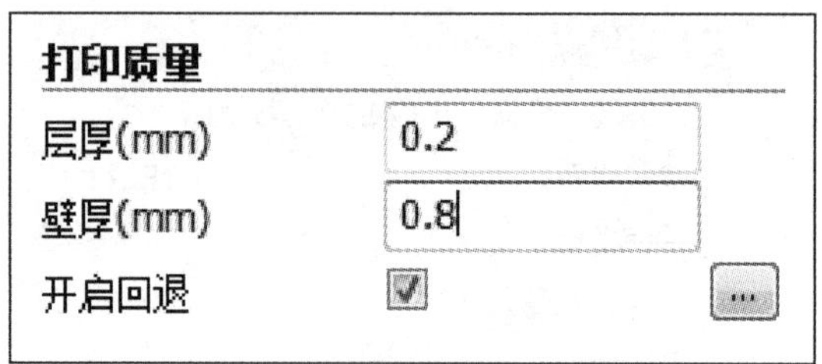

图 6-26　设置打印质量选项

注：

- “层厚”参数应该小于喷嘴直径，在打印机允许的范围内，“层厚”参数越小精度越高。
- “壁厚”参数根据需要设置为喷嘴直径的整数倍。
- 开启回退能有效解决拉丝问题。

(5) 设置填充参数，如图 6-27 所示。

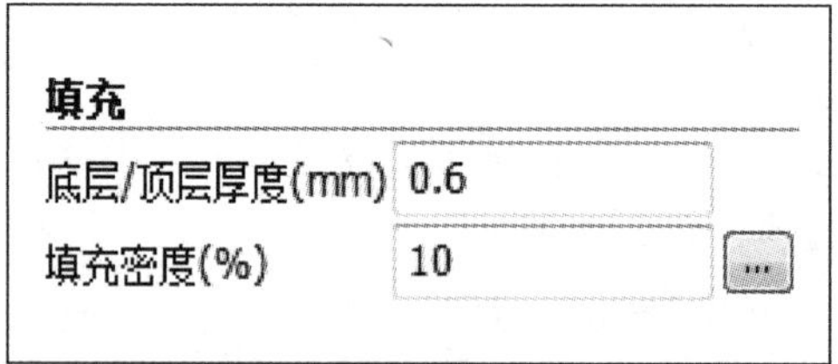

图 6-27　设置填充参数

注：

底层/顶层厚度：根据模型情况设置，一般为“层厚”参数的整数倍。

填充密度：一般为 10%～15%，可根据情况调整。“填充密度”参数设置为 0 时表示空心，设置为 100%时表示实心。

(6) 设置支撑选项，如图 6-28 所示。

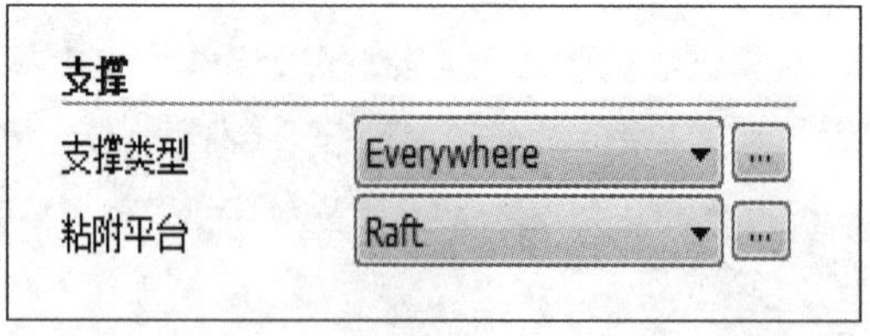

图 6-28　设置支撑选项

支撑类型：当模型存在悬空部分时，在打印过程中需要加支撑，否则会造成材料脱落。悬空角度一般为 45°，也可根据实际情况调整。

选择支撑类型“Everywhere”会在所有符合支撑角度的地方加支撑(见图 6-29)，选择支撑类型“Touching buildplate”只会加在从平台开始的地方(见图 6-30)。

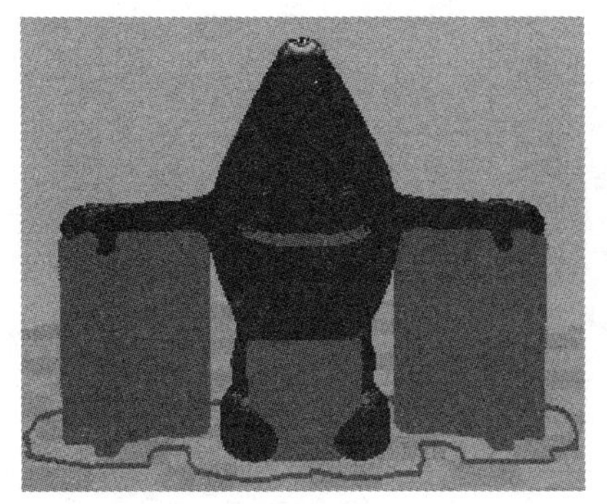

图 6-29 选择支撑类型“Everywhere”时

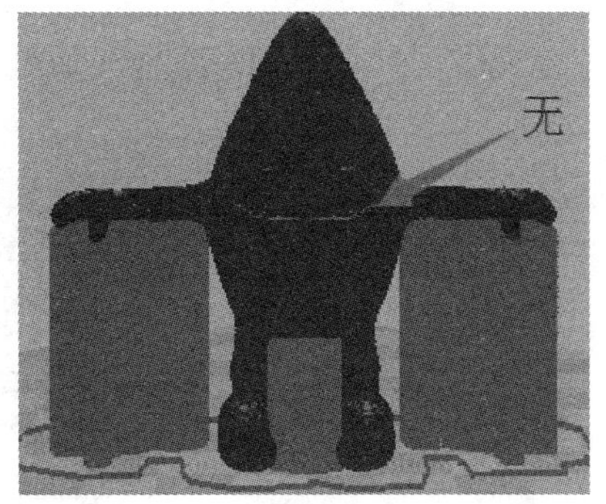

图 6-30 选择支撑类型“Touching buildplate”时

粘附平台：考虑模型与平台的接触面积，加底座会使接触牢固，但会浪费材料和时间。

选择“Raft”时在整个模型底下加底座（见图 6-31），会增加打印时的高度；选择“Brim”时在模型底层外围加线（见图 6-32），外围线的数目可编辑，不会增加打印高度。

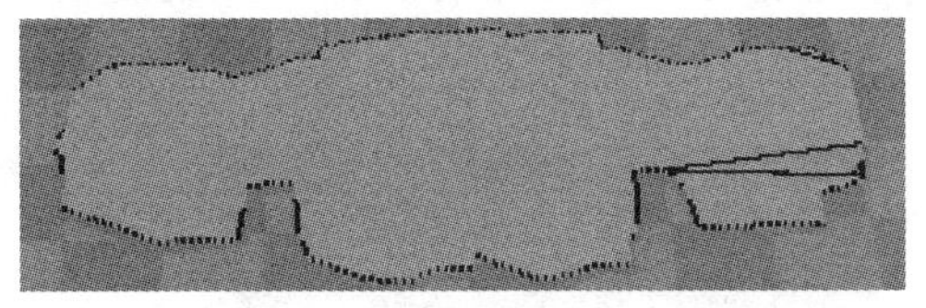

图 6-31 选择“Raft”时在整个模型底下加底座

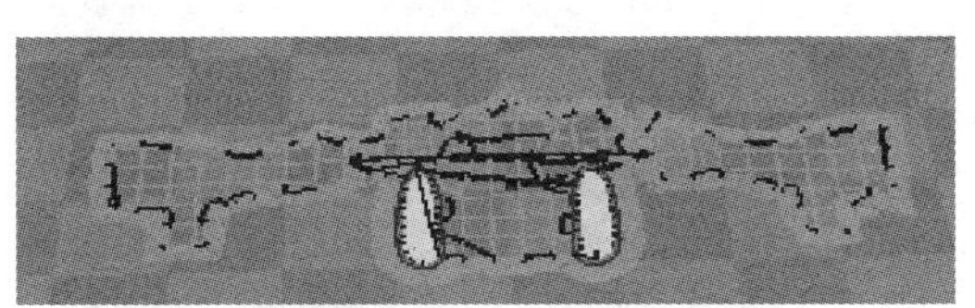

图 6-32 选择“Brim”时在模型底层外围加线

（7）设置打印材料参数，如图 6-33 所示。

打印材料

直径(mm)	1.75
流里(%)	100.0

图 6-33 设置打印材料参数

直径：常见打印材料的直径为 1.75 mm 和 3.00 mm，也存在少数其他规格的打印材料。

流量：根据出料情况调整比例，可上下浮动 10%，如果还存在问题的话就该更换材料了。

（8）预览分析图，如图 6-34 所示。

（9）保存文件 lanjingling.gcode 到 SD 卡。

（10）打印。

案例 6-3：

为客户加工一个电子元件的装配盒手板，客户要求整个工件精度要高，外表面应光滑，内表面无要求。

（1）导入模型文件——装配盒_1.stl。

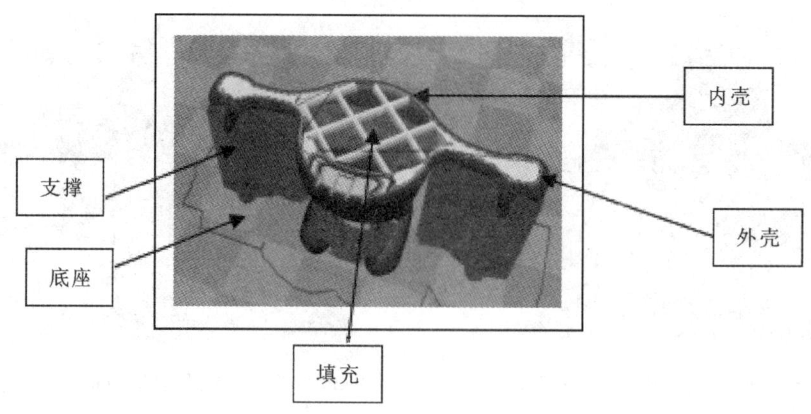

图 6-34　预览分析图

（2）观察分析。

图 6-35 所示为模型顶视图，图 6-36 所示为模型底视图，上面板上有凸台和孔，背面有柱状和管状部分。

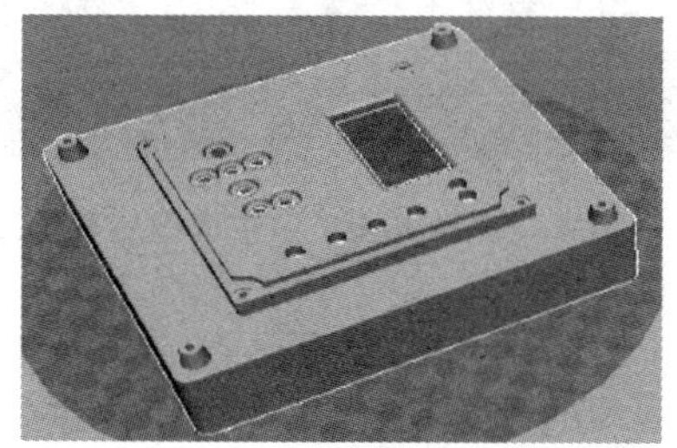

图 6-35　模型顶视图

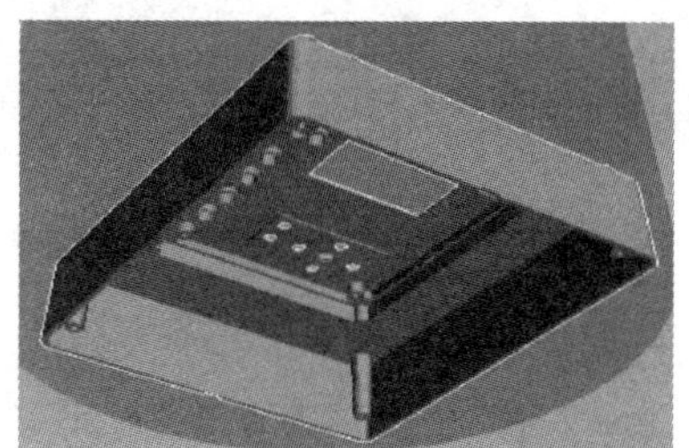

图 6-36　模型底视图

如图 6-37 所示，正常情况下应该翻转 180°，这样接触面比较大，细节保留完好，支撑最少，但这样外表面会因为加支撑而粗糙、不美观。

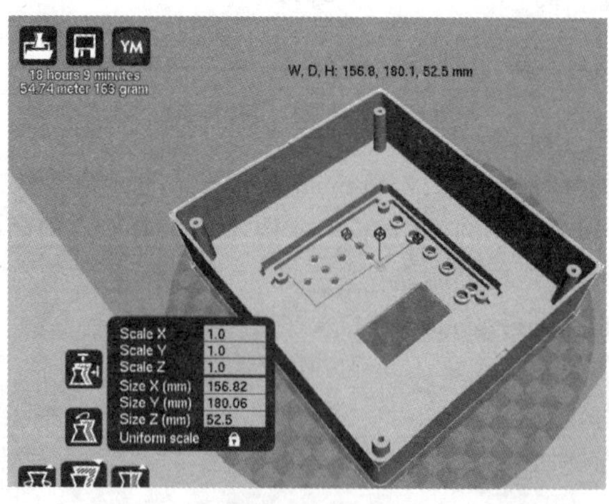

图 6-37　翻转 180°

若按模型导入时的状态打印，悬垂的管和柱的打印效果不好，而且支撑多，费时又废料。于是考虑旋转 90°（见图 6-38），立着打印，支撑虽然多，但是能保证效果。可是又出现了问题——更加费料、费时。

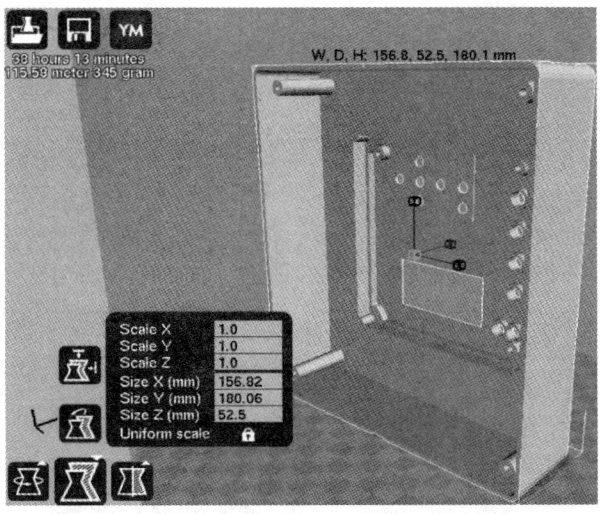

图 6-38 旋转 90°

考虑再三，还是决定按照翻转 180°的状态打印，采取后处理——打磨的方式解决表面不光滑问题。

(3) 设置参数，如图 6-39 所示。

打印质量

参数	值
层厚(mm)	0.1
壁厚(mm)	0.8
开启回退	☑

填充

参数	值
底层/顶层厚度(mm)	0.8
填充密度(%)	15

速度和温度

参数	值
打印速度(mm/s)	70
打印温度(C)	210
热床温度	40

支撑

参数	值
支撑类型	Everywhere
粘附平台	None

打印材料

参数	值
直径(mm)	1.75
流量(%)	100.0

图 6-39 设置参数

注：

• 精度要求高，将“层厚”参数设置为 0.1 mm。

• 功能件的“壁厚”参数、“底层/顶层厚度”参数可以稍微大点，这个模型比较薄，也就没做增厚处理。

• 对于比较薄的模型，“填充密度”参数其实影响不大，“填充密度”参数设置为 0 和 100%的差别不大，如果模型需要受力，则“填充密度”参数可设置为 100%。

• 模型和平台接触面虽然不大，但因为有支撑，粘附平台设为“None”。

• 支撑是必须加的，可根据情况设置支撑参数，如图 6-40 所示。

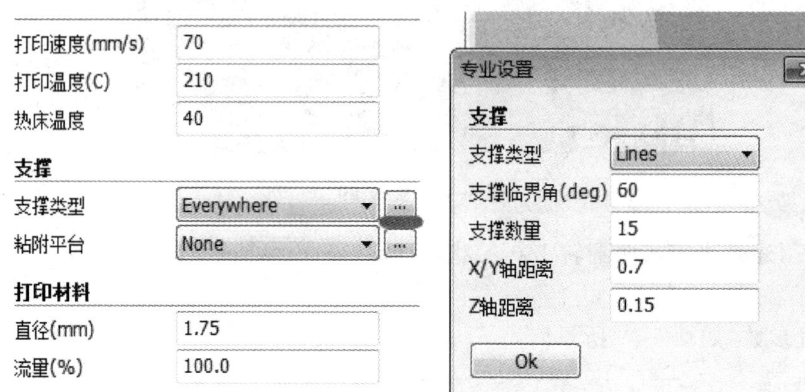

图 6-40　设置支撑参数

• 支撑类型有“Lines”和“Grid”两种，如图 6-41 所示。Lines 为线状，用料少，不坚固，易去除；Grid 为网状，用料多，坚固，难去除。

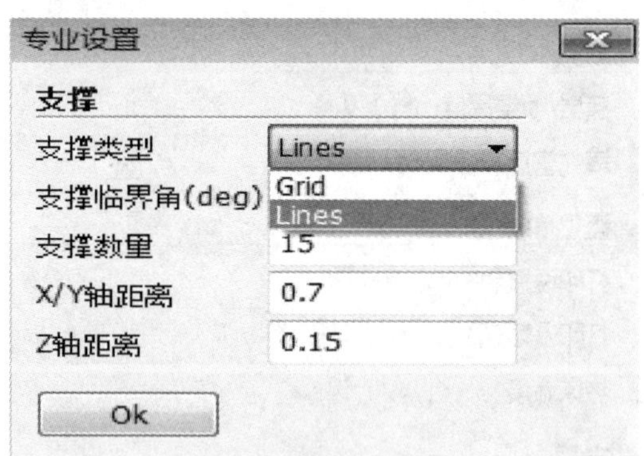

图 6-41　设置支撑类型

• “支撑临界角”是指需要加支撑的角度。

• “支撑数量”其实是指支撑密度，要根据模型需要加支撑部分的细节多少来设置。

• “X/Y 轴距离”是指支撑在 X、Y 方向的缩进量，采用默认设置即可。

• “Z 轴距离”是指支撑与模型的距离。该参数越小，支撑效果越好，但是去除支撑的难度越高。

(4) 通过切片预览，查看模拟打印过程。

(5) 保存文件 zhuangpeihe_1. gcode 到 SD 卡。

(6) 补充说明:

- 有人说,正常打印后使用 PLA 溶液进行后处理,就可以使表面光滑,我们认为会造成数据不准和材料性能变化,故不采用。
- 其实该案例最适合用树脂打印机制作(在有树脂打印机的前提下)。
- 制作工业件时,除了考虑美观,还要考虑应力、拉伸、温度、公差等情况,并选择合适的摆放角度和设置参数。

案例 6-4:

打印广州塔模型。练习底部切除、开启冷却、增加壁厚、减少支撑。

(1) 导入模型文件——广州塔。模型文件名为"广州塔. x3d",". x3d"不是 Cura 能直接识别的格式,用 MeshLab 将文件转换成". obj"或者". stl"格式后再导入模型文件。

(2) 观察分析。

该模型整体结构细长,除底部和中间部分外都是网状,而且顶部是尖的。这种模型不容易打印,只能做成大尺寸,否则线条结构打印质量会比较差;打印速度要慢一点,防止速度过快弄坏纤细的杆状结构;中间部分需要加支撑,外部网状结构不需要支撑;外围斜杆比较细,需要增大"壁厚"参数;底面很大,不需要底座;顶部是尖的,需要开启冷却设置。

(3) 如图 6-42 所示,设置模型缩放 3 倍,设置基本参数,如图 6-43 所示。

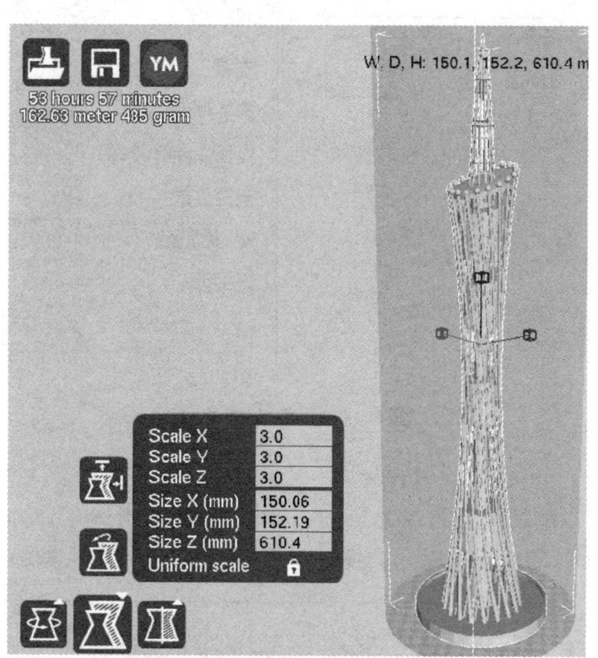

图 6-42 设置模型缩放倍数

- 增大"壁厚"参数,降低打印速度,保证打印安全。
- 支撑加在里边,不宜去除,设置支撑参数,如图 6-44 所示。
- 模型尺寸大,打印速度又要求比较慢,打印所需的时间会很长,这种模型不需要高精度,

基本 | 高级 | 插件 | Start/End-GCode

打印质量	
层厚(mm)	0.2
壁厚(mm)	1.2
开启回退	☑
填充	
底层/顶层厚度(mm)	0.8
填充密度(%)	15
速度和温度	
打印速度(mm/s)	50
打印温度(C)	210
热床温度	40
支撑	
支撑类型	Everywhere
粘附平台	None
打印材料	
直径(mm)	1.75
流量(%)	100.0

图 6-43　设置基本参数

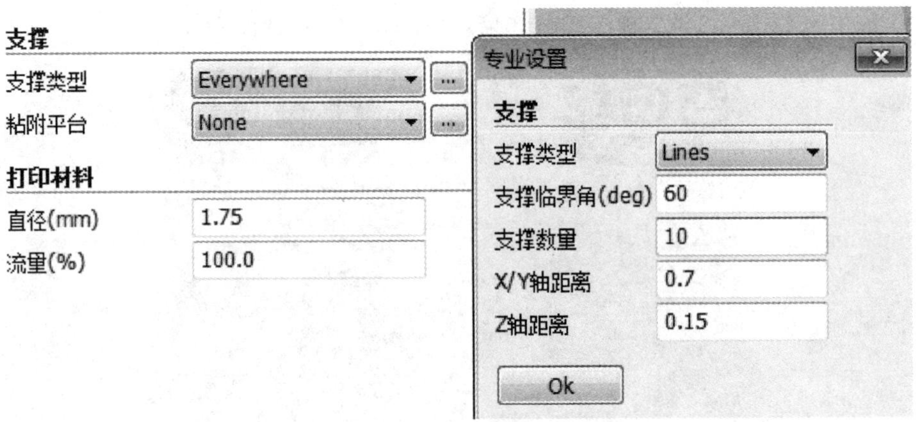

图 6-44　设置支撑参数

"层厚"参数设置为 0.2 mm 或者设置得更大一点，也可以更换孔径较大的喷嘴，一般采用孔径为 0.4 mm 的喷嘴，可以酌情采用孔径为 0.5～1 mm 的喷嘴，当然在 Cura 中需要调整喷嘴孔径参数(见图 6-45)，这样打印所需的时间会缩短很多，大大降低打印失败的风险。

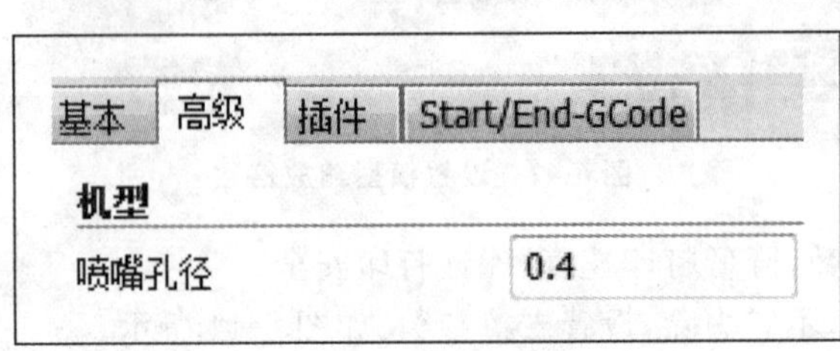

图 6-45　喷嘴孔径参数

• 顶部尖，打印时需要给每一层留出足够的冷却时间，否则模型会变形。在高级设置中设置冷却选项，如图 6-46 所示。

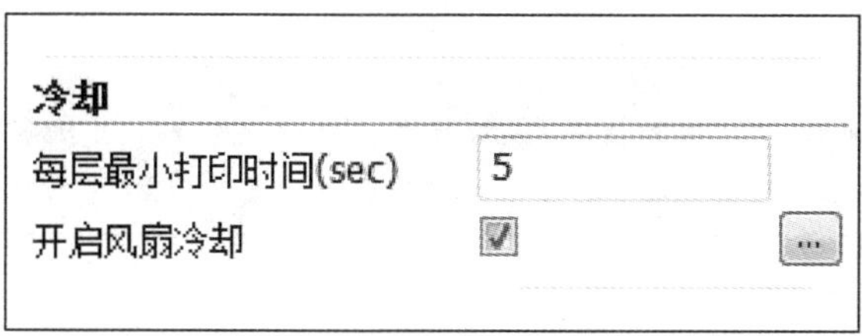

图 6-46　设置冷却选项

(4) 进入预览界面，发现第一层不正常，模型底层如图 6-47 所示，应该是模型底面不平造成的。

底层切除一部分，如图 6-48 所示，底面正常。

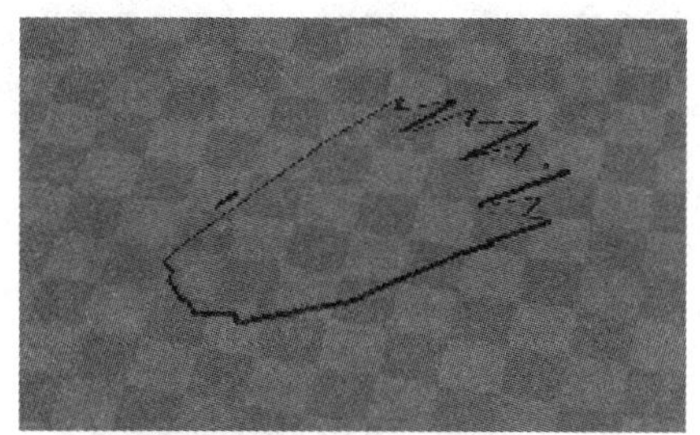

图 6-47　模型底层

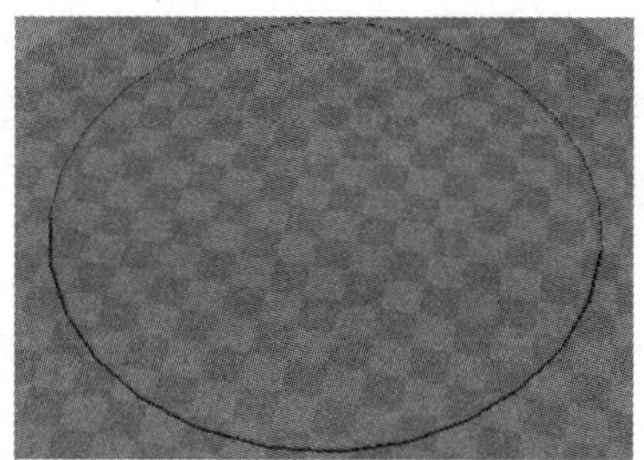

图 6-48　切除一部分的模型底层

注：

当底面不平，或者想节省材料时，在不破坏模型整体的情况下，可以酌情切除底层一部分。在高级设置中设置“底层切除”参数(见图 6-49)来确定切除高度。

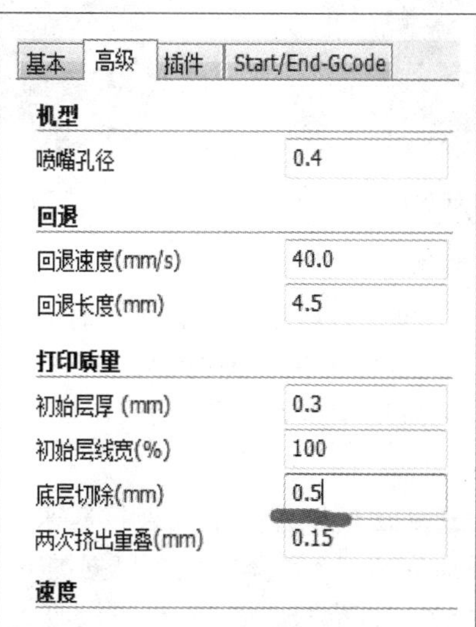

图 6-49　设置“底层切除”参数

(5) 再次预览,检查无误后,导出 guangzhouta. gcode 到 SD 卡。

(6) 打印。

注:

通常打印所需时间越长,打印失败率越高,用户要做好心理准备。用户需根据打印失败的具体情况,来调整切片参数或者机器参数。因此打印大尺寸模型时一定要慎重,否则既费时又废料。

案例 6-5:

打印奖牌。主要练习调整摆放角度、打印速度及修改模型、保证模型美观。

(1) 导入模型文件——奖牌. obj。

(2) 观察分析。奖牌正面(见图 6-50)是字,反面(见图 6-51)是凸起的图案,所以只能立着摆放;字的高度有点高,打印时会有悬垂,顶端朝上会好看些;接触面比较小,可以加底座;模型比较薄,立着打印时会晃动,需要增加支撑,需要降低打印速度;字比较小,精度较低时可能打印质量不好,因此精度应设得高一些。

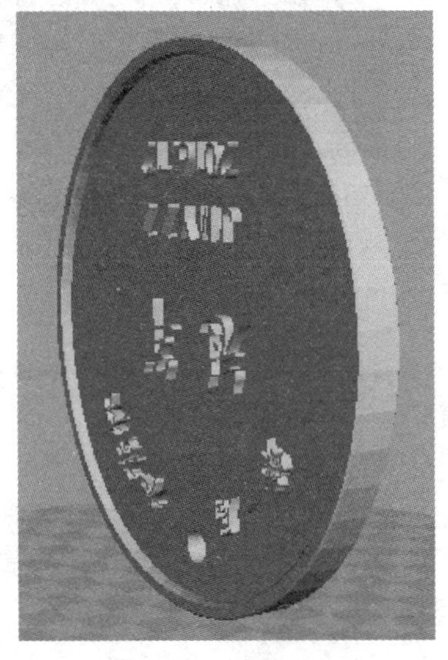

图 6-50　奖牌正面

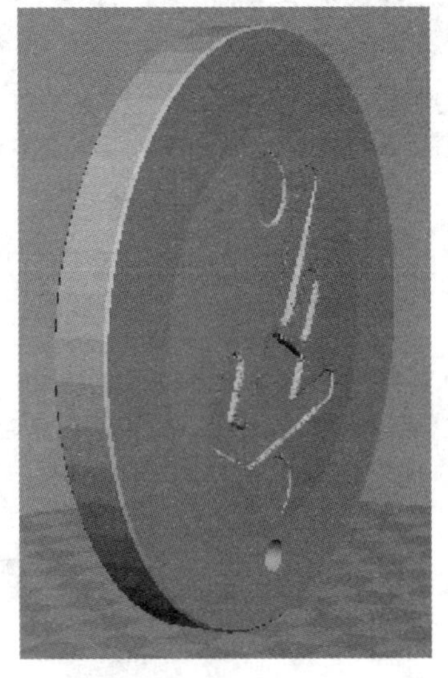

图 6-51　奖牌反面

基本参数设置如图 6-52 所示。

根据图 6-52 所示打印信息,可知打印一枚奖牌所需时间约为 3 h,每台打印机一天可打印八枚奖牌。当需要在短时间内打印大量奖牌时,为了节省时间,保证打印精度和成功率,需要将模型处理一下,可使用三维软件摆放三枚奖牌,中间用横柱连接,以保证打印过程中模型稳定,横柱应容易去除。

三角形结构最坚固,使用三维建模软件把中间连接起来,模型就不会晃动,打印速度就可以提高一些,而且不需要添加底座了。这样的话,根据图 6-53 所示打印信息每台打印机一天至少可打印九枚奖牌。为了保证完成任务,精度可以改为 0.15 mm。

(3) 模型修改后的参数设置如图 6-53 所示。

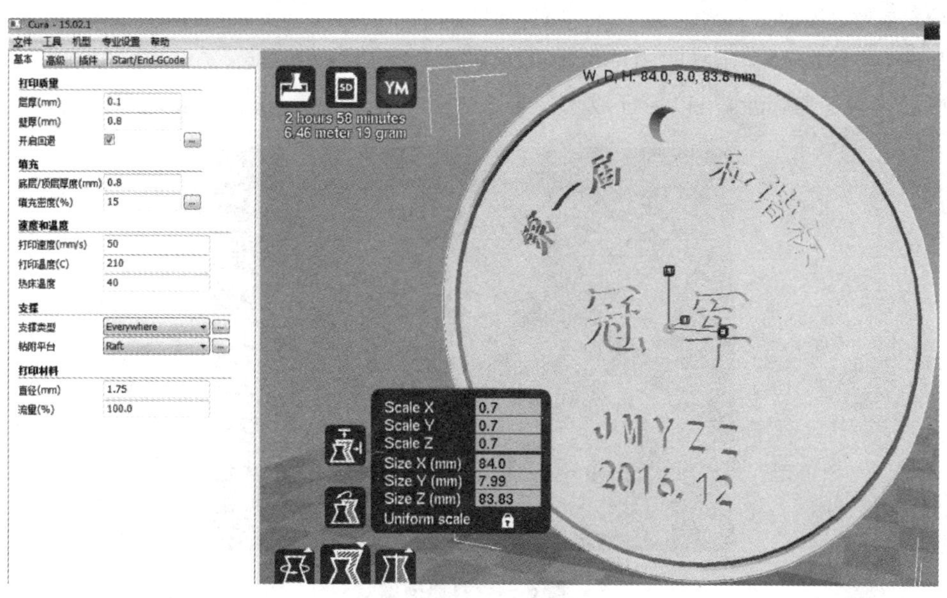

图 6-52 基本参数设置

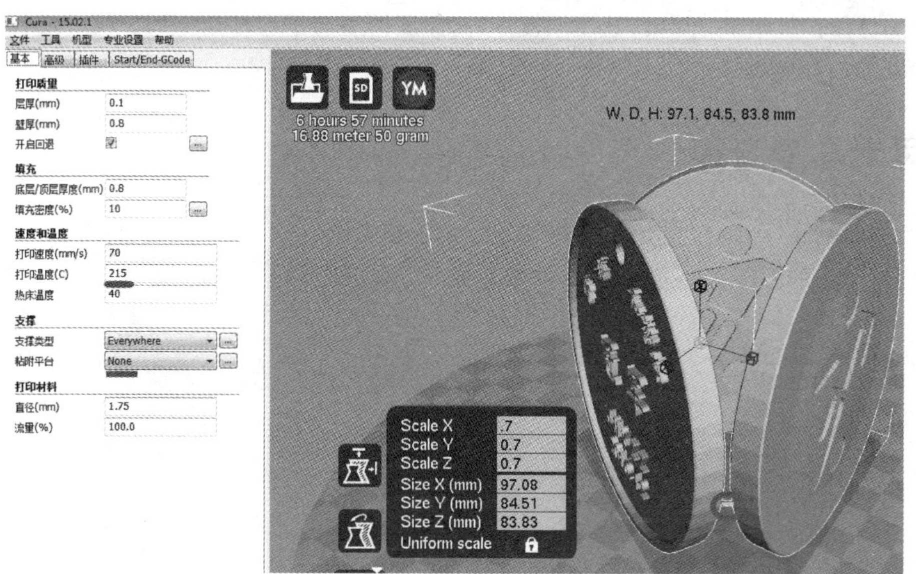

图 6-53 模型修改后的参数设置

注：

- 因为打印速度提高，所以打印温度提高 5℃，以防止出料不足。
- 文字、图案最好竖着打印，否则纹理打印得不明显甚至细节打印不出来。
- 中间连接部分粗细设置为 0.5 mm 左右即可，以便将其去除。
- 根据需求，也可以选择四枚或者五枚奖牌一起打印。
- 当模型某些部分需要加支撑，而切片软件无法添加时，可使用建模软件添加支撑。

（4）预览。

如图 6-54 所示，利用打印预览检查模型是否正常。

底层接触正常，至少可以保证成功一半了。若其他层没有问题就可以打印了。

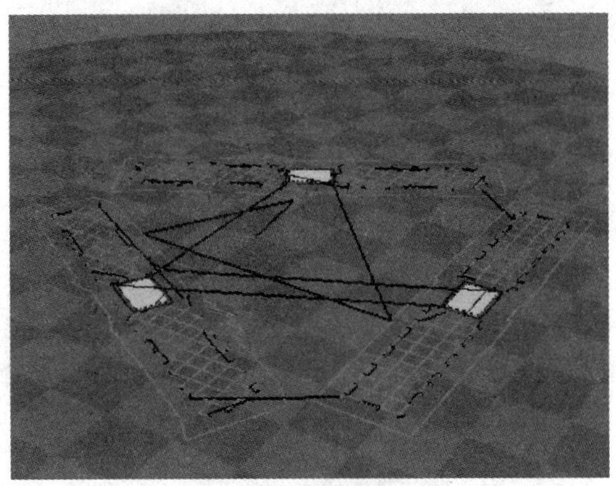

图 6-54　打印预览

（5）保存文件 jiangpai3. gcode 到 SD 卡。

（6）打印。打印第一层时，速度调慢点，以保证模型与平台粘结牢固。第一层打印结束后恢复正常打印速度。

思考与复习题

1. 整理 Cura 中所有的参数，了解其含义和取值范围。
2. 对自己的头像文件进行切片，并保存成 *. gcode 形式。

第 7 章
3D 打印材料分析

7

☆ **知识目标**:了解常用的 3D 打印材料的分类及性能。

☆ **能力目标**:熟悉常用的 3D 打印材料及其性能。

☆ **重难点**:材料种类及性能。

在 3D 打印领域,3D 打印材料始终扮演着举足轻重的角色,因此 3D 打印材料是 3D 打印技术发展的重要物质基础,在某种程度上,3D 打印材料的发展促使 3D 打印技术的应用更加广泛。目前,3D 打印材料主要包括塑料类打印材料、光敏树脂打印材料、橡胶类打印材料、金属打印材料和陶瓷打印材料等,除此之外,复合型石膏粉末(全彩砂岩)打印材料、生物类打印材料以及食品类打印材料等也在 3D 打印领域得到了应用。

3D 打印所用的这些材料都是专门针对 3D 打印设备和工艺而研发的(如 3D 打印用的塑料类打印材料与普通的塑料有所区别),其形态一般有粉末状、丝状、层片状、液体状等。通常,根据打印设备的类型及操作条件的不同,所使用的粉末状 3D 打印材料的粒径为 1～100μm 不等,而为了使粉末保持良好的流动性,一般要求粉末具有高球形度。

目前市场上的 3D 打印材料有 200 余种,且随着研发工作的推进和技术进步,打印材料的更新速度也会越来越快。

一、常见的 3D 打印材料

1. 塑料类打印材料

1) ABS 塑料

ABS(丙烯腈-丁二烯-苯乙烯)塑料(见图 7-1)一般是不透明的,呈浅象牙色,有刺激性气味,有极好的冲击强度,尺寸稳定性、耐磨性、抗化学药品性、染色性等都比较好,可用于成型加工和机械加工。一般采用 FDM 工艺,做工业件。

图 7-1 ABS 塑料

2) PLA 塑料

PLA(聚乳酸)是一种新型的生物降解材料,使用可再生的植物资源(如玉米、秸秆等)所提炼出的淀粉原料制成。PLA 塑料的相容性、可降解性、机械性能和物理性能良好,适合采用吹塑、热塑等各种加工方法,加工方便,应用十分广泛。同时 PLA 塑料也拥有良好的光泽,抗拉强度高,延展性好。PLA 塑料由于其环保的特性,广泛用于教学用具和玩具等要求环保、健康的物品制作领域。

ABS 3D **打印线材**、PLA 3D **打印线材哪种好**?

利用 PLA 塑料和 ABS 塑料可以制作出多种多样的东西。ABS 材料表面呈亚光,而 PLA 材料表面很光亮。加热到 190℃,多数 PLA 3D 打印线材可以顺畅挤出,ABS 3D 打印线材无法顺畅挤出。加热到 220℃,ABS 3D 打印线材可以顺畅挤出,部分 PLA 3D 打印线材会出现气泡甚至被碳化。碳化的材料会堵塞喷嘴或弄脏喷嘴。ABS 材料容易裂口,打印时需要密封,保持较高温度,打印环境通风良好。

3）工程塑料

工程塑料是指用于制作工业零件或者外壳的塑料。工程塑料具有优良的综合性能，如强度高、耐冲击性好等。因此工程塑料是目前3D打印中应用较广泛的材料。常见的工程塑料种类包括工业ABS材料、PC（聚碳酸酯）类材料、聚酰胺（尼龙）类材料等，常采用FDM工艺或者SLS工艺加工。

（1）工业ABS材料　是FDM快速成型工艺常用的热塑性工程塑料，具有强度高、韧性好、耐冲击等优点，正常变形温度超过90℃，可进行机械加工（钻孔、攻螺纹）、喷漆及电镀等。图7-2所示为利用工业ABS材料打印的行星齿轮，图7-3所示为利用工业ABS材料打印的车链模型。

图7-2　利用工业ABS材料打印的行星齿轮

图7-3　利用工业ABS材料打印的车链模型

（2）PC材料　是真正的热塑性材料，具备工程塑料的所有特性——强度高、耐高温、抗冲击、抗弯曲。使用PC材料制作的样件，可以直接装配使用，应用于交通工具及家电行业。PC材料的颜色比较单一，只有白色，但其强度比ABS材料的强度高，具备超强的工程材料属性，广泛应用于电子消费品、家电、汽车制造、航空航天、医疗器械等领域。图7-4所示为利用PC材料打印的吹塑成型模具。

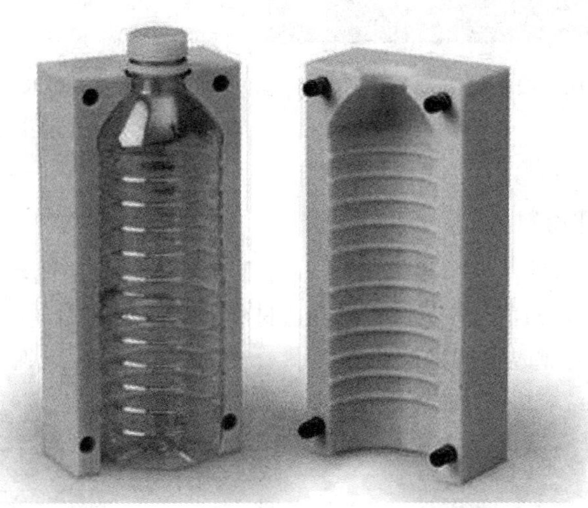

图7-4　利用PC材料打印的吹塑成型模具

（3）尼龙材料　是一种白色的粉末，SLS尼龙粉末材料具有质量小、耐热、摩擦系数小、耐磨损等特点。粉末粒径小，用其制作的模型能达到较高的精度。烧结制件不需要特殊的后期处理就可以具有较高的抗拉伸强度。尼龙材料可供选择的颜色比PLA塑料和ABS塑料可供选择的颜色少，但可以通过喷漆、浸染等方式进行色彩的选择和上色。尼龙材料热变形温度为 110℃，主要应用于汽车、家电、电子消费品、艺术设计等领域。

烧结温度——粉末熔融温度为 180℃，在尼龙粉末烧结快速成型过程中，需要较高的预热温度，对设备性能要求高。

(4) PC-ABS 材料　是一种应用广泛的热塑性工程塑料。PC-ABS 材料具备了 ABS 材料的韧性和 PC 材料的高强度及良好的耐热性，大多应用于汽车、家电及通信行业。使用该材料配合 FORTUS 设备制作的部件强度比传统的 FDM 工艺制作的部件强度高，所以使用 PC-ABS 材料能打印出包括概念模型、功能原型、制造工具及最终零部件等热塑性部件。

(5) PC-ISO 材料　是一种通过医学卫生认证的白色热塑性材料，具有很高的强度，广泛应用于药品及医疗器械行业，用于手术模拟、颅骨修复、牙科等专业领域。同时，因为具备 PC 材料的所有性能，PC-ISO 材料也可以用于食品及药品包装行业，采用 PC-ISO 材料做出的部件可以作为概念模型、功能原型、制造工具及最终零部件使用。

(6) PSU 类材料　琥珀色的材料，热变形温度为 189℃，是所有热塑性材料里面强度最高、耐热性最好、抗腐蚀性最优的材料，广泛用于航空航天、医疗行业等。PSU 类材料能带来直接数字化制造体验，性能非常稳定，通过与 FORTUS 设备的配合使用，可以达到令人惊叹的效果。

图 7-5　利用热固性塑料制作的建筑沙盘

4) 热固性塑料

热固性塑料主要成分为热固性树脂，热固性树脂(如环氧树脂、不饱和聚酯树脂、酚醛树脂、有机硅树脂等)具有强度高、耐火性能好等特点。哈佛大学工程与应用科学学院的材料科学家与 Wyss 生物工程研究所联合开发出了一种可用于 3D 打印的环氧基热固性树脂材料，这种材料结合 3D 打印技术而打印出的建筑结构件可用在轻质建筑中。图 7-5 所示为利用热固性塑料制作的建筑沙盘。

2. 光敏树脂打印材料

光敏树脂由聚合物单体与预聚体组成，由于具有良好的液体流动性和瞬间光固化特性，液态光敏树脂成为 3D 打印高精度制品的首选材料。光敏树脂因具有较快的固化速度，产品成型后表面平滑，可呈现透明至半透明磨砂状。光敏树脂气味小、刺激性小，非常适合用于个人桌面 3D 打印系统，加工工艺可选用 SLA、DLP、CLIP 等。图 7-6 所示为利用光敏树脂打印材料打印的散热器风扇，图 7-7 所示为利用光敏树脂打印材料打印的耳塞收纳盒。

图 7-6　利用光敏树脂打印材料打印的散热器风扇

图 7-7　利用光敏树脂打印材料打印的耳塞收纳盒

3. 橡胶类打印材料

橡胶类打印材料具备多种级别弹性材料的特征，如硬度、断裂伸长率、抗撕裂强度和拉伸强度，使其非常适合用于打印具有防滑要求的物品或柔软的物品。利用橡胶类打印材料打印的产品主要有消费类电子产品、医疗设备以及汽车内饰、轮胎、垫片等，加工时常采用MJP工艺。

图7-8所示为利用橡胶类打印材料打印的服装，图7-9所示为利用橡胶类打印材料打印的运动鞋。

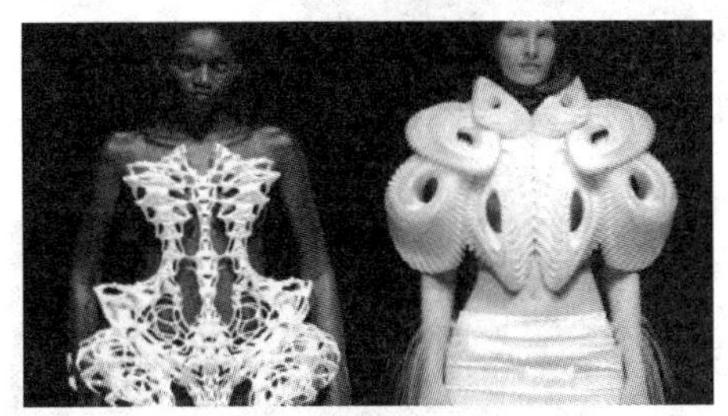

图7-8 利用橡胶类打印材料打印的服装

图7-9 利用橡胶类打印材料打印的运动鞋

4. 金属打印材料

3D打印所使用的金属粉末一般要求纯净度高、球形度高、氧含量低等。金属打印材料的主要参数有球形化、流动性和松装密度。目前，应用于3D打印的金属打印材料主要有钛合金、钴铬合金、不锈钢和铝合金材料等，此外还有金、银等贵金属粉末材料，加工时常采用SLS、SLM、DMLS、EBM、EBDM等工艺。

金属打印材料的应用领域相当广泛，如石化工程应用、航空航天、汽车制造、注塑模具、轻金属合金铸造、医疗、食品加工、造纸、电力工业、珠宝等。

图7-10所示为利用金属打印材料打印的金属植入物，图7-11所示为利用金属打印材料打印的枪械部件，图7-12所示为利用金属打印材料打印的合金机翼。

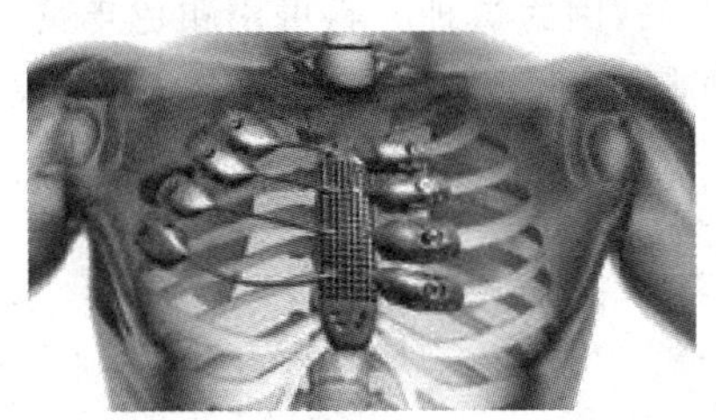

图7-10 利用金属打印材料打印的金属植入物

图7-11 利用金属打印材料打印的枪械部件

5. 陶瓷打印材料

陶瓷打印材料具有强度高、硬度高、耐高温、密度低、化学稳定性好、耐腐蚀等优异特性，在航空航天、汽车、生物等行业有着广泛的应用。利用陶瓷打印材料打印的制品不透水、耐热、无毒，陶瓷打印材料可用于制作炊具、餐具（杯、碗、盘子和杯垫等）、烛台、瓷砖、花瓶等，加工时常采用SLS工艺。

图7-13所示为利用陶瓷打印材料打印的器具，图7-14所示为利用陶瓷打印材料打印的工艺品。

图 7-12　利用金属打印材料打印的合金机翼

图 7-13　利用陶瓷打印材料打印的器具

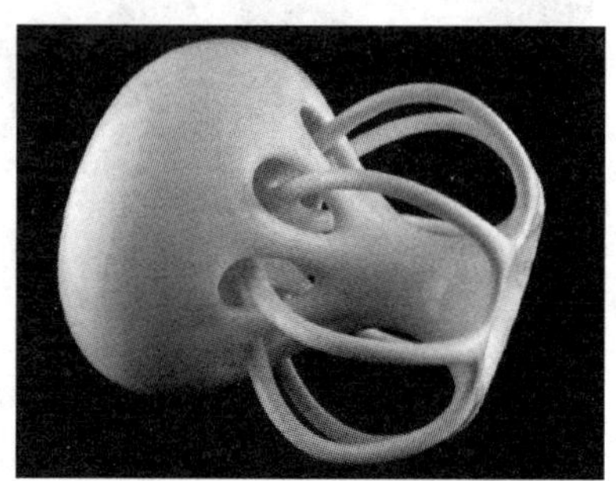

图 7-14　利用陶瓷打印材料打印的工艺品

6. 复合型石膏粉末(彩色砂岩)打印材料

复合型石膏粉末(彩色砂岩)打印材料是 3D 打印领域里广泛使用的材料之一。利用复合型石膏粉末打印材料打印出来的物品的表面具有颗粒感,打印的纹路比较明显,从而使打印出的物品具有特殊的视觉效果。它的质地较脆,容易损坏,不适用于打印一些经常置于室外或极度潮湿环境中的对象。

设计师们常常选择用复合型石膏粉末打印设计作品,因为这种材料可用颜色丰富,打印质量好。复合型石膏粉末打印材料被普遍应用于 3D 打印中,常用于制作人像、建筑模型等室内展示物,如图 7-15 至图 7-17 所示。

图 7-15　建筑沙盘

图 7-16　彩色人偶

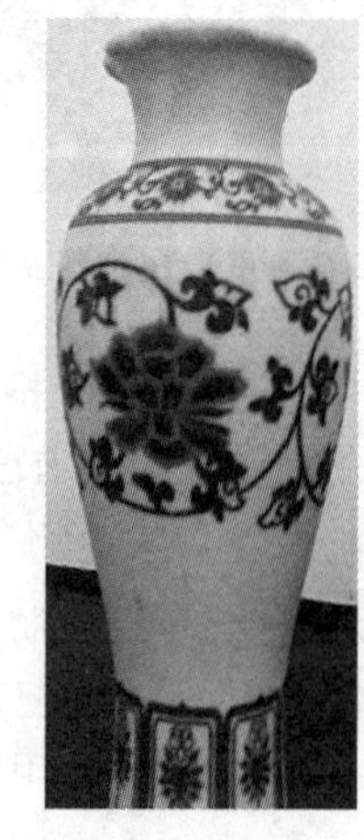

图 7-17　彩色花瓶

7. 蓝蜡和红蜡

利用蓝蜡和红蜡打印时多采用多喷嘴成型(MJM)技术。蜡模,用于精密铸造,具有超越以前纯模型制作与展示的功能。

8. 食品类打印材料

有类似奶油那样的粘稠度的食材都可以用于打印,目前食品类打印材料主要有砂糖、面粉、奶酪、巧克力、肉等,加工时多采用 FDM 工艺。

9. 生物类打印材料

生物类打印材料通常以细胞作为基材,以生物凝胶作为细胞生长的环境和支架。生物类打印材料应用于 3D 打印的技术目前仍处于实验阶段。

图 7-18 所示为利用生物类打印材料打印的器官。

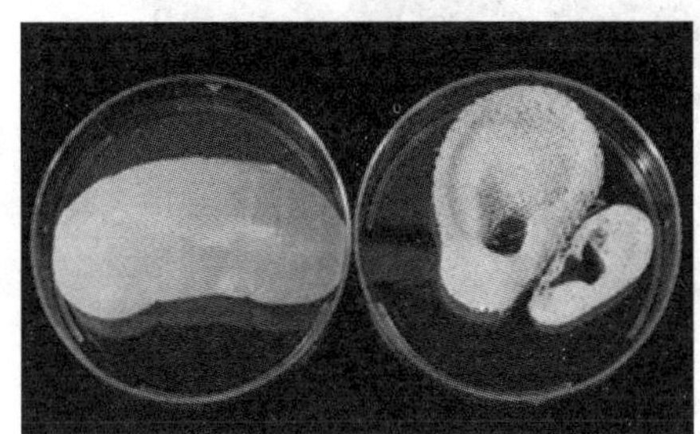
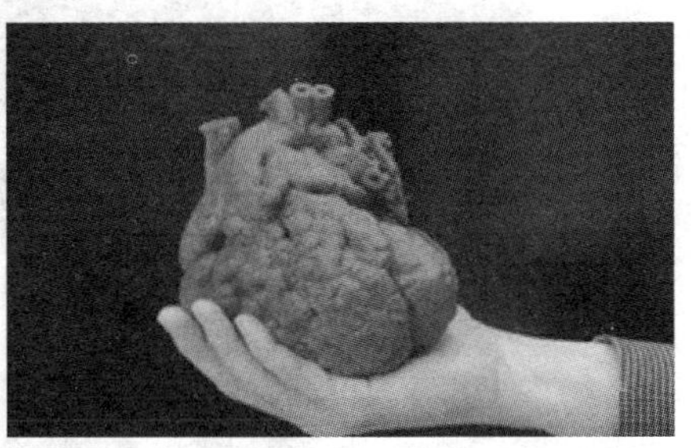

图 7-18　利用生物类打印材料打印的器官

二、如何选择 3D 打印材料

打印材料很大程度上决定打印的成败,因此选用什么样的材料非常关键。

1. 客户需求

如果客户明确要求用什么材料,就按客户的要求来,当然可以酌情给予客户建议。通常客户会提出对工件的要求。

2. 材料性能

主要根据模型对美观程度、力学性能、机械性能、化学稳固性、色彩、耐候性等方面的要求,来选择性能符合要求的材料。

3. 成本

此处所说的成本不包含后期处理费用和人工费用。通过打印同结构、体积的物品,如打印同等 10 000 mm^3 大小的物品,可发现采用不同打印材料时其造价有差别,造价从高到低选用的打印材料依次为金属打印材料、蓝蜡、尼龙材料、复合型石膏粉末(彩色砂岩)打印材料、树脂打印材料、工程塑料、PLA 塑料/ABS 塑料。

4. 后期处理

后期处理虽然不占用成本,但是会占用人工,有些复杂模型的后期处理难度高,易导致模型损坏。

三、如何判断 PLA 塑料和 ABS 塑料的质量好坏

桌面级 3D 打印机常使用的打印材料为 PLA 塑料和 ABS 塑料，我们应如何判断 PLA 塑料和 ABS 塑料的质量好坏呢？

1. 观察外观

根据外在条件来判断打印材料的质量好坏。

（1）打开密封后，观察打印材料是否存在色差。单一颜色的材料，有色差的肯定存在质量问题。图 7-19 所示为桌面级 3D 打印机可选用的打印材料的常见颜色。

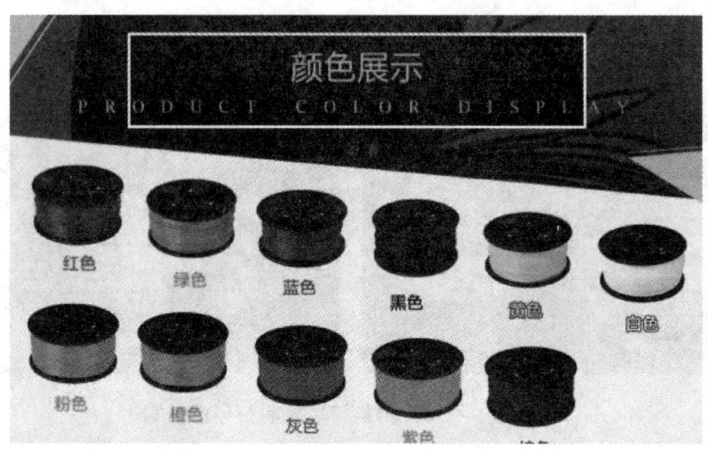

图 7-19　桌面级 3D 打印机可选用的打印材料的常见颜色

（2）观察打印材料内部是否存在微小的气泡。使用有气泡的打印材料打印模型会导致模型表面不光滑。

（3）观察打印材料的色泽是否均匀。一般情况下，打印材料的色泽不均匀，说明线材在生产时就发生了某些变化。

（4）观察打印材料是否有黑色或其他颜色的斑点。杂色会影响模型的美观，同时这种打印材料的质量一般也不会很好。

2. 检测精度

（1）凭手感判断打印材料的精度。

如判断线材的精度时，可拉出长 1～2 m 的线材，用大拇指和食指轻轻地夹住线材，然后慢慢地拉动线材，通过手来感知线材是否粗细均匀或线材表面是否光滑。

（2）采用仪器检测打印材料的精度。

用游标卡尺来检测打印材料的精度是否在控制的公差范围内。如检测线材的精度，检测方式是取 1～2 m 的线材，在每个测试点，主要检测线材是否“圆”，检查线材的直径是否控制有效。

3. 关注打印过程

（1）观察平台打印线条是否均匀。

一般情况下，如果打印线条比较均匀，那么说明线材精度较高。

（2）听声音判断打印材料的质量。

质量较好的线材在正常运行中通过齿轮进料装置时，不会发出声音，如果线材粗细不均

匀，那么线材通过齿轮进料装置时会发出“吭吭”的齿轮摩擦声音。

(3) 打印过程中判断打印材料的质量。

观察线材在打印中内部结构的均匀程度，出料是否存在气泡、斑点等问题。

(4) 观察打印材料的粘度。

在打印过程中必须保证打印材料的粘度，否则会出现开裂或剥离现象。打印材料的粘度与打印温度也有一定的关系，打印测试时需要不断改变打印温度以确定最佳的打印温度，从而保证打印材料的粘度。

四、质量好的打印材料的特征

(1) 纯度高。质量好的打印材料杂质少。

(2) 精度高。质量好的打印材料的线径公差应保持在 0.03mm 之内。

(3) 熔点稳定。质量好的打印材料的熔点稳定，这样才能保证出丝不受阻。

(4) 通用性强。打印线材的直径最好为 1.75 mm 或者 3.00 mm，这样可在多数打印机中使用。

(5) 品质高。质量好的打印材料熔融流动性强，易塑形，韧性好，强度高，耐压性好，在打印过程中不易翘边。

(6) 环保健康。好的打印材料应无毒、无刺激性气味。

(7) 成本低。打印时首选物美价廉的打印材料。国外的 3D 打印材料一般较贵，在打印效果方面也不具有明显的优势。

思考与复习题

1. 简述常见的材料及其性能。
2. 简述打印儿童玩具和花盆时应如何选择材料。

第 8 章
后期处理

☆ **知识目标**：学习常用的后期处理方法。

☆ **能力目标**：能合理对作品进行后期处理。

☆ **重难点**：后期处理方法。

3D 打印出来的物品，有时还需要做后期处理（主要为表面处理），常见的后期处理包括以下几方面。

一、去支撑

绝大多数模型带有支撑，这些支撑完成使命后需要被去除，在操作之前应弄清哪些是支撑、哪些是模型本身，以避免误操作。为细节比较多的模型去支撑时，要小心操作，防止损坏模型；为纤细的树状结构模型去支撑时，应先去除小支撑，再去除大支撑。在去除支撑的过程中应多总结，了解什么样的支撑格式、支撑密度等较合适。

去除支撑会在模型表面留下疤痕。操作者可用刻刀（见图 8-1）剔除疤痕，注意不要采用撬的方式，否则刻刀易折断。刻刀很锋利，操作时一定要注意安全。疤痕可用刻刀剔除，但仍会有白色痕迹或者毛刺，这时用热风枪或者热水处理一下（要控制好分寸，不要使模型融化）就可以了。

如果支撑是采用可溶性材料打印的，则把模型放入相应的溶液（比如水、酒精、碱性溶液等）中即可去除支撑。

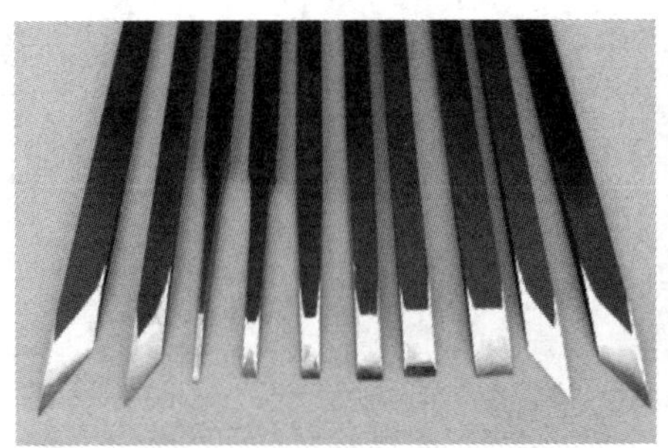
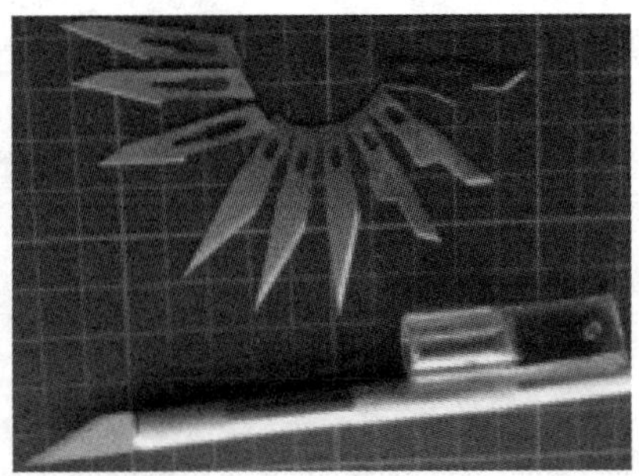

图 8-1　刻刀

二、补土

补土是指在模型制作加工过程中，为了消除模型表面的裂痕、缝隙等瑕疵或者为了表现出某种效果，而进行的一种操作，模型补土类似日常我们所说的“打腻子”或者美女化妆过程中的“打粉底”。

使用的“土”可以是原子灰，或 AB 补土，或水补土（见图 8-2），或牙膏，或 502 胶水、爽身粉混合物，或一种称为“补土”的快速固化树脂等。

水补土的作用是使瑕疵变得明显，人们能容易地发现瑕疵；牙膏补土的作用是填补小坑洞（502 胶水、爽身粉混合物也具有此作用）；AB 补土的作用是进行模型大改造或造型。

水补土干燥的速度要比一般的补土干燥的速度快，并且具有很好的附着力。

补土具有填补沟壑，让 3D 打印模型表面变光滑等作用，但是采用这种方法处理模型费时费力，且成本很高。

图 8-2 水补土

以下为模型补土具体操作建议：

(1) 如果模型打印精度不高，则先用砂纸打磨；

(2) 如果造型有大面积缺陷，则用 AB 补土进行造型修补；

(3) 如果模型无大问题，则将模型打磨后用水补土覆盖一遍(作用是让微小的瑕疵更明显)；

(4) 小坑洞可用 502 胶水、爽身粉(卫生纸也可以)混合物，或牙膏(尽量使用白色的)填补；

(5) 用砂纸打磨(见图 8-3)，注意砂纸的型号；

(6) 上色。

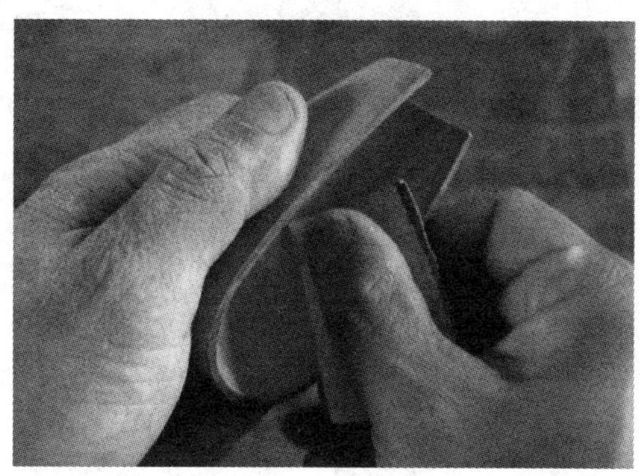

图 8-3 砂纸打磨

三、打磨(物理抛光)

采用 ABS 材料打印的模型可以打磨，采用 PLA 材料打印的模型是不能用简单的工具打磨的，因为 PLA 材料较硬且不耐热。

打磨工具主要有砂纸、打磨棒、水砂纸、锉刀等。砂纸有标号，标号数字越大，砂纸就越细腻。

模型打磨后，其表面会没有光泽，这时候可以将牙膏涂抹在布上对模型进行打磨，恢复模型表面的光泽。目前可用电动设备来辅助打磨，这样对于表面不复杂的 3D 打印模型来说，打磨的速度会很快。

打磨前应计算好要打磨掉多少材料，否则过度打磨会使得模型变形或损坏。

如果模型结构复杂，则打磨所需的时间往往更长；打磨时应注意细节；如果模型有精度和耐用性的最低要求的话，那么一定不要过度打磨模型，应提前计算好要打磨掉多少材料；进行基准测试，确定要使用的打磨工艺（采用手工打磨还是采用电动打磨方式，使用哪些工具等）。

四、化学抛光

采用 ABS 材料打印的模型可用丙酮蒸气进行抛光，也可用抛光机抛光；采用 PLA 材料打印的模型不可用丙酮蒸气进行抛光，可采用专用的抛光液进行抛光。化学抛光要掌握好度，因为化学抛光是以腐蚀表面作为代价的，抛光时间一般在 10 s 左右。整体来讲，目前化学抛光技术还不够成熟，在打印中较少应用。

出于环保的考虑，可尽量把模型的打印精度设得高一点，也可使用蒸汽平滑方式（自己制作一个封闭的机器，把水加热并控制好温度，用蒸汽熏蒸模型）来抛光。

图 8-4 所示为不同层厚模型及模型抛光前后效果。

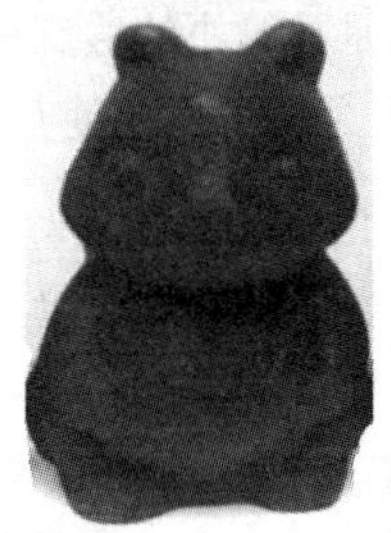

(a)层厚0.1mm,未抛光

(b)层厚0.35mm,未抛光

(c)层厚0.35mm,采用蒸汽抛光

图 8-4　不同层厚模型及模型抛光前后效果

五、表面喷砂

表面喷砂也是常用的后期处理工艺，操作人员手持喷嘴朝着抛光对象高速喷射介质小珠从而达到抛光的效果。喷砂处理（见图 8-5）一般比较快，5～10 min 即可处理完成。经过喷砂处理的产品表面光滑，有均匀的亚光效果。喷砂处理价格昂贵，且因为喷砂处理一般是在密闭的腔室里进行的，所以喷砂处理的对象是有尺寸限制的，而且整个处理过程中都需要用手拿着喷嘴，效率较低，不能批量处理。

六、上色

除了采用彩色砂岩和彩色树脂打印材料可以做到彩色 3D 打印之外，采用其他打印材料一般只可以打印单种颜色，有的时候需要对打印出来的物品进行上色处理（见图 8-6）。

1. 上色工具

上色工具包括毛笔、喷枪、气泵、排风扇、颜料（郡仕油性漆）、稀释剂、洗笔剂、调色皿、滴管、不粘胶条、纸巾、棉签、细竹棒、转台等。

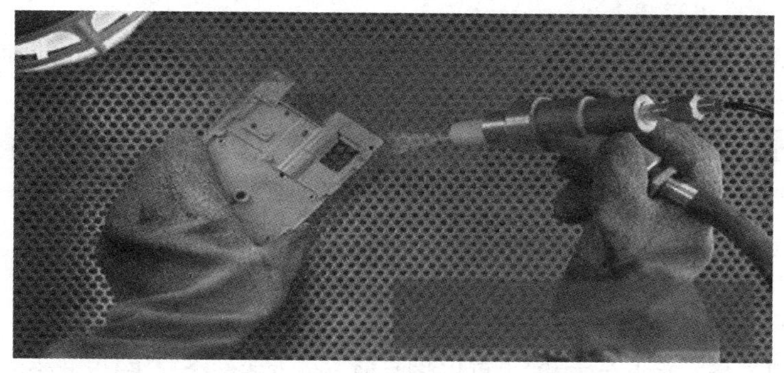

图 8-5 喷砂处理

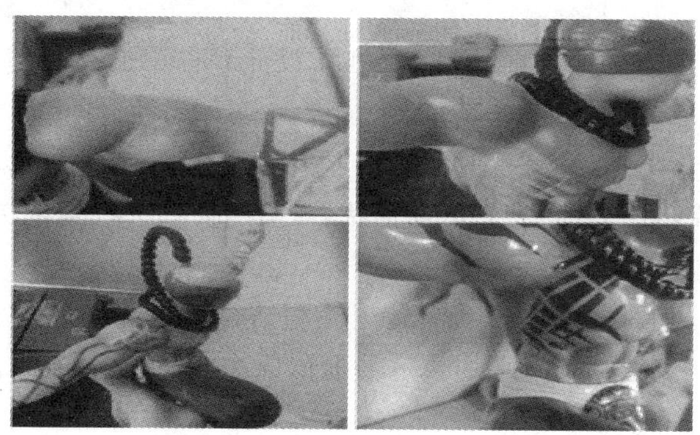

图 8-6 上色处理

2. 上色方式

1)手涂上色

手涂上色是指使用毛笔直接上色。须注意的是手涂上色容易产生笔纹,上色的时候需运笔并以“#”形来回平涂两到三遍,使笔纹减淡、色彩均匀。手涂上色简单易学,成本较低。

在调色过程中为了使颜料色彩均匀,可以使用滴管滴入一些同品牌的溶剂在调色皿里进行稀释。

稀释时,根据涂料的情况配合不同量稀释液。

上色时,应该判断什么时候再沾上油漆涂下一笔。上色时应尽量保持画笔为湿润状态,才能有均匀的笔迹。

干燥时间的长短也影响上色效果,一般在第一层要干未干的情况下再加上第二层的新鲜油漆,这样比较容易消除笔触痕迹。手涂上色要多练习以增加经验。

当能明显看出每笔的痕迹时,不要急着擦掉它,待其完全干燥,表面残留的油漆粒子会少点。干燥后再用一次十字交叉涂法,可减少不均匀的现象。如果水平、垂直各涂一次后,仍呈现出颜色不均匀的现象,可以待其完全干燥后,用细水砂纸轻轻打磨掉再涂色。

为了不使模型表面堆积太多、太厚的模型漆,操作者应多练习,使自己的技术精湛,使用最少的油漆达到最佳的效果。

当已经涂了几层漆在上面,颜色看起来还是不均匀,应考虑是否底色存在问题,因为有些颜色的遮盖力比较弱(如白、黄、红),底色容易反色。为了避免这种情况,最好先涂上一层浅色底色打底(浅灰色或白色),再涂上主色。不过为了避免表面堆积的油漆过厚,若换用喷笔来上色，则效果会更理想。

手涂漆时最忌讳胡乱下笔，胡乱下笔容易产生难看的笔刷痕迹，并且使油漆的厚度极不均匀，使整个表面看起来是斑斑驳驳的。

当使用一般的丙烯颜料上色时，需要配色，这需要专业的知识，其他操作参照上述叙述进行。

2）喷枪上色

喷枪是指使用压缩空气将模型漆喷出的一种工具。利用喷枪来上色可节省大量的时间，涂料也能被均匀地喷在模型表面上。

模型上色可选择一种上色方式，也可以将两种上色方式结合起来，以此来提高涂装效率。

事实上，整个喷漆过程需要控制好空气压力、油漆浓度、喷漆时与模型表面的距离，这样才能喷出完美的效果。

通常用喷枪上色在喷涂模型前应进行试喷，以此判断油漆浓度是否合适、观察喷出效果等。

在大面积模型表面上色后，对小面积喷涂上色，可采用遮盖的方式，使用不粘胶带（粘结力适中，不会伤到上完色的表面）粘好特定形状后，采用喷涂法将颜色涂上，待油漆干燥后慢慢地、小心地将胶带撕下。

为复杂的结构上色时，通常采用手涂和喷涂相结合的方法来达到完整上色的目的。所以方法不要一成不变，应根据情况采用合适的上色方法，以便提高效率。

案例：

模型后期处理。

（1）准备模型，以前期打印的模型装配盒为例讲解。

（2）准备工具，包括尖嘴钳、刻刀（1 套）、砂纸、自喷漆、电钻（全套钻头）、游标卡尺、牙膏等。

（3）去支撑。先去除支撑，再用刻刀清理支撑残留。

（4）砂纸打磨。先用 400 目的砂纸打磨支撑接触面和表面粗糙处，再用 1 200 目的砂纸轻轻打磨整体，打磨完后用牙膏擦拭使其恢复光泽。尝试装配，检查配合部位是否合适，若不合适则继续打磨。

（5）打孔。用游标卡尺测量各个孔，如果不符合尺寸（一般偏小），则用对应的钻头钻孔以修改尺寸（注意手一定要稳）。比较大的孔可用刻刀修改尺寸。

（6）上色。如果客户要求上色，则用自喷漆喷涂即可。在通风处操作，最好戴上防毒面具，摇匀后均匀喷涂于模型表面，然后置于阴凉处晾干。

（7）装配验证。

思考与复习题

1. 通过各种途径搜集其他的后期处理方法。
2. 对先前打印出来的模型进行适当的后期处理。

第9章
打印过程中常见问题分析

☆ **知识目标**:分析打印过程中经常遇到的问题,学习分析、解决问题的方法。

☆ **能力目标**:能正确分析、判断问题产生的原因,并解决问题。

☆ **重难点**:分析、解决问题。

当前,3D打印技术仍然处于发展期,技术不成熟。FDM技术应用于低端打印机领域,在打印的过程中,受打印机、材料、环境或者操作者自身因素的影响,容易出现打印失败的现象。

面对打印过程中出现的问题,我们应按照观察现象—分析原因—解决问题的流程去处理,最终达到避免问题发生或尽可能减少问题发生的目标。希望大家通过学习本章的内容,在打印操作中能够提高打印成功率,能解决一般的打印故障。

以下是打印过程中经常出现的问题,罗列了问题产生的原因以及解决办法。

一、模型粘不住平台

模型粘不住平台(见图9-1)的原因、分析及解决办法如表9-1所示。

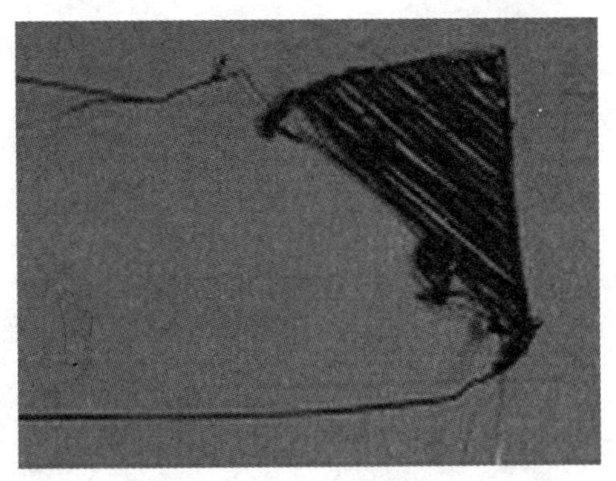

图9-1 模型粘不住平台

表9-1 模型粘不住平台的原因、分析及解决办法

原　　因	分　　析	解决办法
平台太光滑	有的机器使用玻璃或者硅晶板做平台,且没做防滑处理	在平台上平整地贴上美纹纸,或者均匀地涂上胶水
喷嘴位置太高	喷嘴与平台的距离过大,导致喷出的料无法压在平台上,与平台粘结不牢固	*XYZ*结构的打印机:调整平台的高度
		三角洲结构的打印机:调整自调平螺丝
接触面太小	模型与平台的接触面太小,粘结力不足以承受打印头水平方向的带动力和模型本身的晃动	增大接触面,加底座或者外围线数
打印速度太快	打印速度过快导致材料喷出量和粘结力受到影响	打印底层的速度要比正常速度慢一些

续表

原　因	分　析	解决办法
平台温度低	平台温度过低，导致热材料很快收缩，与平台剥离	提高平台温度
打印头温度低	打印头温度低，导致材料不能很好地熔化从而粘结度不够	提高打印头温度，暂时关闭冷却风扇
材料质量不好	劣质的材料导致模型粘不住平台	更换材料

二、模型第一层打印高低不平

模型第一层打印高低不平（见图 9-2）的原因、分析及解决办法如表 9-2 所示。

图 9-2　模型第一层打印高低不平

表 9-2　模型第一层打印高低不平的原因、分析及解决办法

原　因	分　析	解决办法
平台没调平	平台台面一般是平整的，只是平台没调平，而造成材料在平台上铺得不平整	*XYZ* 结构的打印机：旋转调平螺丝，调整平台高度，各点距离喷嘴 0.1 mm 左右
		三角洲结构的打印机：调整自调平螺丝，并在 Cura 中代码部分加上 G29，打印时自动找平
平台有杂质	美纹纸质量不好，或者胶水喷涂得不均匀，造成平台凹凸不平，影响传感器的判断，丢失正常 *XY* 平面数据	使用质地均匀的美纹纸；均匀涂抹胶水；及时清理平台杂质
出料过多	多余的料集成疙瘩，对三角洲结构的打印机的打印质量影响很大	检查 Cura 参数（流量、线材直径、重叠量、打印温度等）是否正确

三、出料不均匀

出料不均匀(见图 9-3)的原因、分析及解决办法如表 9-3 所示。

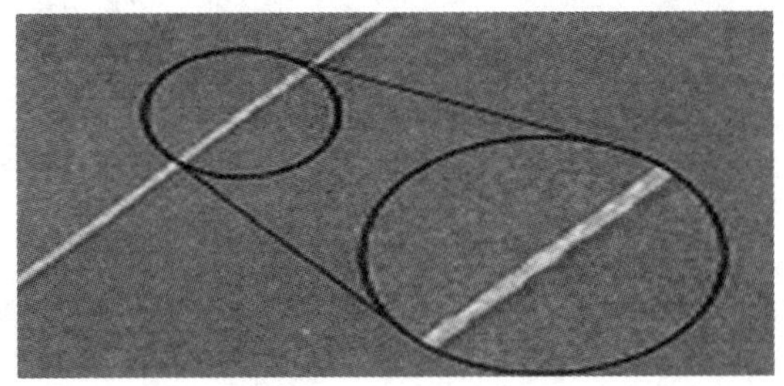

图 9-3　出料不均匀

表 9-3　出料不均匀的原因、分析及解决办法

原　因	分　析	解决办法
挤出机松紧度不合适	太紧:卡料,造成实际进料不足	调整挤出机松紧度至合适状态
	太松:打滑,进料时断时续	
打印头内腔有杂质	打印头内腔有杂质,造成出料不流畅,时多时少	清理内腔,必要时直接更换打印头
打印速度太快	出料速度跟不上打印速度	降低打印速度
材料不好	线材粗细不均匀	更换材料
层厚参数太小	层厚参数小于打印机的最高精度,出料不流畅,造成间歇性堵料	修改层厚参数至合理范围

四、翘边

翘边是指模型打印过程中某一个角或者某条边脱离平台,如图 9-4 所示。翘边的原因、分析及解决办法如表 9-4 所示。

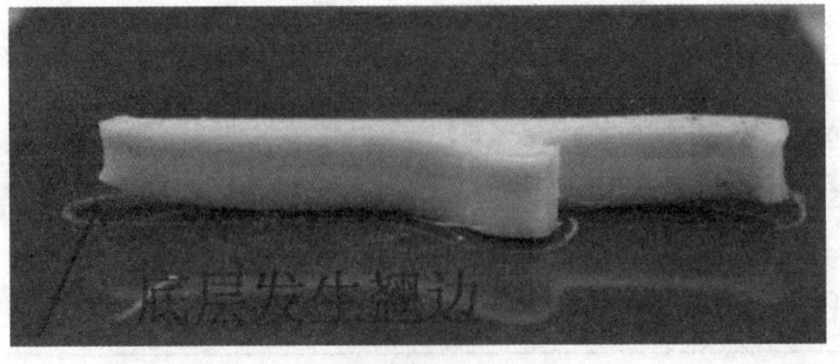

图 9-4　翘边

表 9-4 翘边的原因、分析及解决办法

原 因	分 析	解决办法
平台温度低	平台温度低，材料遇冷收缩，如果材料与平台粘结不牢的话就容易翘边	根据材料特性设置平台温度，底层关闭风扇
模型底面太大	底面越大，收缩也越大，即便设置了合适的平台温度，涂抹了胶水或者贴了美纹纸，依然很容易发生翘边现象	提高平台温度，降低打印速度
		切片时加底座或外围线，增加底层线宽
		模型底面额外设计防止翘边的部分
		切片时更改模型摆放方向

五、拉丝

拉丝（见图 9-5）是指在模型边缘存在的一些丝状料，不会影响模型本身，但会影响美观，增加后期处理的难度。产生拉丝现象的原因、分析及解决办法如表 9-5 所示。

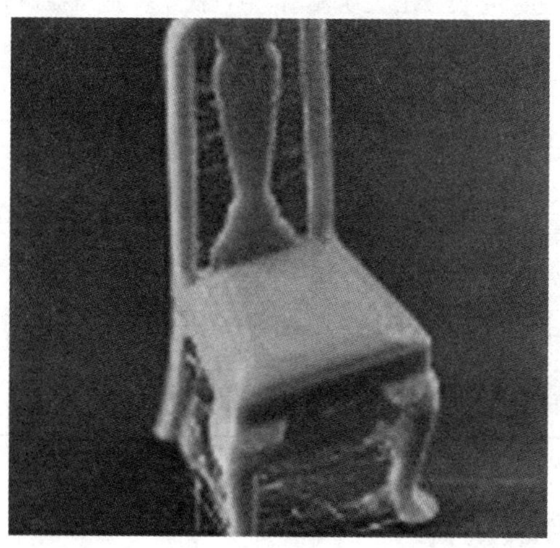

图 9-5 拉丝

表 9-5 产生拉丝现象的原因、分析及解决办法

原 因	分 析	解决办法
参数设置问题	空驶部分不应出料	Cura 中勾选“开启回退”选项，设置合理数值
打印温度过高	打印温度过高，材料处于流体状态，有时回抽也控制不住	设置最佳打印温度

六、断层

产生断层（见图 9-6）现象的原因、分析及解决办法如表 9-6 所示。

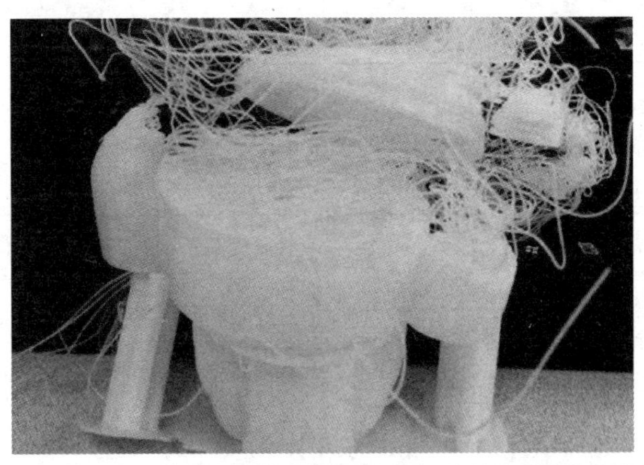

图 9-6　断层

表 9-6　产生断层现象的原因、分析及解决办法

原　　因	分　　析	解决办法
打印温度不够高	打印过程中温度会发生波动，一旦低于正常打印温度，会影响出料	适当提高打印温度，打印温度一般设置为材料标定温度的中间值
打印材料质量差	打印材料的某一段有质量问题，比如材质不同、有杂质、线材直径过小等	更换材料
打印头短暂性堵塞	打印温度波动、内腔有杂质、材料有杂质等导致打印头短暂性堵塞	根据情况选用相应的解决办法，如：适当提高打印温度；清除杂质，或更换打印头；更换材料等
挤出机打滑	挤出机卡得不紧，造成打滑；或者突然短暂停止工作	拧紧挤出机，使用质量好的电动机

七、顶层有孔洞或空隙

顶层有孔洞或空隙（见图 9-7）的原因、分析及解决办法如表 9-7 所示。

图 9-7　顶层有孔洞或空隙

表 9-7 顶层有孔洞或空隙的原因、分析及解决办法

原　因	分　析	解决办法
底层/顶层厚度参数太小	底层/顶层厚度参数太小，导致顶面不平甚至存在漏洞	在 Cura 中增大底层/顶层厚度参数
模型问题	当平面上有垂直凸起部分时，接触面易出现封闭不严密问题	设计时，垂直接触面加倒角
壁厚参数太小	壁厚参数小于喷嘴直径时会被忽略	设计时增大模型壁厚参数
参数设置不合理	打印过程中，打印头走到头会马上改变方向，若参数设置不合理，则可能还来不及出料，形成缺料	在 Cura 的高级设置中将“两次挤出重叠”参数设置为 0.15 mm 左右
打印速度太快	打印速度过快，造成出料不足	降低打印速度
填充太少	填充太少，平面易坍塌	增大填充比例

八、细节丢失

产生细节丢失(见图 9-8)现象的原因、分析及解决办法如表 9-8 所示。

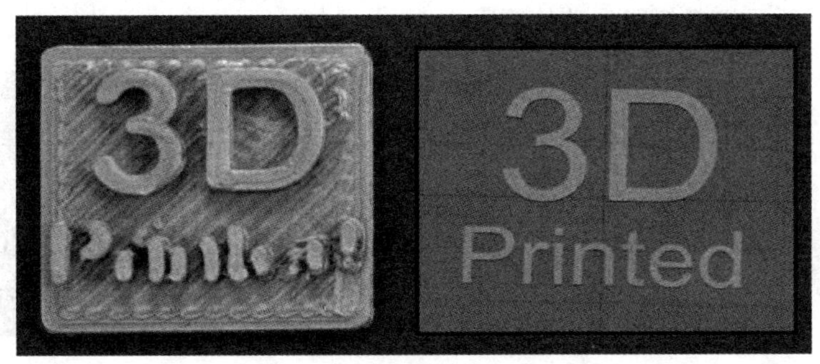

图 9-8 细节丢失

表 9-8 产生细节丢失现象的原因、分析及解决办法

原　因	分　析	解决办法
精度太低	打印精度参数设置得太小，或者打印机本身精度不够，导致细节体现不出来	减小层厚参数
		更换更细的喷嘴
模型设计有问题	模型某些部分壁厚参数小于打印机喷嘴直径，打印机会自动忽略	重新设计模型，更改不合理部分
摆放方向不合理	有文字、浮雕等部件的模型，水平打印时经常会丢失细节，竖着打印时效果会好很多	让文字或浮雕立起来

九、打印底层时不出料

打印底层时不出料的原因、分析及解决办法如表 9-9 所示。

表 9-9　打印底层时不出料的原因、分析及解决办法

原　　因	分　　析	解决办法
打印头温度过低	打印头温度低于材料熔化温度，不出料	提高打印温度
打印头堵塞	杂质堵塞打印头，或者打印材料堵在喉管，导致打印材料进不去也出不来	清理堵塞物
打印头离平台太近	平台直接堵在喷嘴处，导致料出不来	调整平台和打印头的间距
挤出机故障	挤出机太松，或者是挤出电动机不转，无法进料	检查挤出机装置

思考与复习题

分析图 9-9 所示模型打印失败的原因。

图 9-9　模型

第 10 章
创客

10

☆ **知识目标**:了解创客。

☆ **能力目标**:具备创客素质。

☆ **重难点**:创客素质培养。

“创客”本指勇于创新并努力将自己的创意变为现实的人。这个词源于美国麻省理工学院微观装配实验室的实验课题,此课题以创新为理念,以客户为中心,以个人设计、个人制造为核心内容,参与此实验课题的学生即“创客”。“创客”特指具有创新理念、自主创业的人。

一、定义

“创客”是指出于兴趣与爱好,努力把各种创意转变为现实的人。创客以用户创新为核心理念,是创新 2.0 模式在设计制造领域的典型表现。创客们作为热衷于创意、设计、制造的个人设计制造群体,有意愿、活力、热情和能力在创新 2.0 时代为自己,同时也为人类创建一种更美好的生活。

创客是坚守创新,持续实践,乐于分享并且追求美好生活的人。简单地说,创客就是“玩”创新的一群人。

创客以用户创新为核心理念,是面向知识社会的创新 2.0 模式在设计与制造领域的典型体现。Fab Lab 及其触发的以创客为代表的创新 2.0 模式,基于从个人通信到个人计算,再到个人制造的社会技术发展脉络,试图构建以用户为中心的,面向应用的、融合从创意、设计到制造的用户创新环境。

在中文里,“创”的含义是开始做、创造、首创、开创、创立,体现了一种积极向上的生活态度,同时有一种通过实践去发现问题和需求,并努力找到解决方案的含义在里面;“客”则有客观、客人、做客的意思。客观,体现的是一种理性思维。客人、做客则体现了人与人之间的一种良性互动关系,有一种开放与包容的精神在里面,而开放与包容体现在行动上就是乐于分享。

没有分享,就没有人类社会的整体进步,作为人类社会的一分子,分享和传播知识是每个人应尽的义务,将分享作为乐趣则是一种良好的品格和习惯,但分享绝不意味着不需要尊重别人的劳动成果,或鼓励抄袭和盗版,分享必须建立在尊重首创精神的坚实基础上。创客鼓励创新各种分享盈利模式,在分享的同时,保护首创者的利益和积极性。

人们对创客有着多元化的理解,目前所说的创客不仅包括“硬件再发明”的科技达人,而且包括软件开发者、艺术家、设计师等诸多领域的优秀代表。

“创客”与“大众创业,万众创新”联系在一起后,特指具有创新理念的人、自主创业的人。

二、理念

技术进步和社会发展推动了科技创新模式的转变。传统的以技术发展为导向、科研人员为主体、实验室为载体的科技创新活动正转向以用户为中心、以社会实践为舞台、以共同创新和开放创新为特点的用户参与的创新 2.0 模式。

通常,很多很多的思想才会转化为一种语言,很多很多的语言才会变成一次行动,持续不断的行动会变为习惯,许多人长久的习惯成就了文化,而对一种文化思想长久的坚守与实践最终成为信仰。如此看来,创客与其说是一种称呼,不如说是一种信仰,科技发展不仅可以改变个人通信,也将改变个人设计、个人制造。

创客是用行动做出来的，而不是用语言吹出来的。

创新这种信仰，将不断帮助人类解决各种社会矛盾，持续提高每一个人的生活水平。

三、分类

创客的共同特质是创新、实践与分享，但这并不意味着他们都是一个模子铸出来的人，相反，他们有着丰富多彩的兴趣爱好，以及不同的特长，一旦他们聚到一起，相互协调，发挥自己的特长，就会爆发巨大的创新活力。

1. 创意者

他们是创客中的精灵，他们善于发现问题，并找到改进的办法，将其整理、归纳为创意，从而满足不断变化的需求。

2. 设计者

他们是创客中的魔术师，他们可以将一切创意转化为详细可执行的计划。

3. 实施者

他们是创客中的“剑客”，没有他们强有力的行动，一切只是虚幻泡影，他们凭借高超的“剑术”，往往一击必中，达成目标。

四、现状

创客是一群喜欢或者享受创新的人，追求自身创意的实现，至于是否实现商业价值、对他人是否有帮助等，不是他们的主要目标。而创客空间就是为这些创客们提供实现创意、交流创意思路及产品的线下和线上相结合、创新和交友相结合的社区平台。

国内创客空间属于初创阶段，还没有形成有显著特色的、可持续发展的模式。创客空间本身的商业模式、运行模式也是值得探讨和摸索的。

五、意义

面向知识社会的创新2.0模式，消融了创新的边界，用户可以成为创新的动力、创新的主体。从发展趋势看，创客空间必将成为技术创新活动开展和交流的场所，也是技术积累的场所，也必将成为创意产生和实现以及交易的场所，从而成为创业集散地。

创新2.0时代的创客们以好玩为主要目的，这恰恰是创客的意义所在。当创意及其实现有成为商业模式的可能的时候，创业就是一件顺理成章的事情。一旦有创业的想法，就要去思考商业模式，搭建创业团队。所以，凡是有创业想法的创客，就要做有心人，并且要坚持。

从创意到实现创意是一次质的飞跃，从创意产品到形成商业模式，又是一次飞跃，每一次飞跃都不容易，都有失败的危险，在这个过程中，作为纯粹创客的乐趣也许会减少，这需要有创业想法的创客们做好心理准备。

新的环境使得中国创客在世界范围内脱颖而出有了更大可能性。无论是电子科技，还是软件工程，或是具有浓郁东方特色的艺术创新实践，都为中国创客展开了无限可能的未来。借助互联网和新工具，创客们实现了产品自设计、自制造，成为创新2.0时代的造物主。同时，在用户创新、开放创新精神的指引下，创客们站在彼此的肩膀上，越站越高。人类工业文明、商业文明，当然还有人自身，正在发生巨变。

六、创客教育与 3D 打印

创客教育是一种培养创客的形式，以引导为主，培养其创新、实践、创造、创业能力。创客教育具有多样性、灵活性、共享性，没有固定模式。

图 10-1 所示为 3D 打印创客空间，图 10-2 所示为学校创客教育图，图 10-3 所示为创客及创客空间展图片。

图 10-1　3D 打印创客空间

图 10-2　学校创客教育图

图 10-3　创客及创客空间展图片

创客、创客教育与 3D 打印的关联：

- 创客是创客教育的主体，既是参与者，也是教育实施者。
- 创客教育包含很多内容，如 3D 打印创客教育等。
- 3D 打印可以实现创意，是创客和创客教育有力的辅助工具。

思考与复习题

结合自己学校 3D 打印专业的实际情况，设计一个 3D 打印创客空间的方案。

参考文献 CANKAOWENXIAN

[1]吴怀宇.3D 打印:三维智能数字化创造[M].2 版.北京:电子工业出版社,2015.
[2]张统,宋闯.3D 打印机轻松 DIY[M].北京:机械工业出版社,2015.